中等职业学校酒店服务与管理专业规划教材

丛书主编：邓泽民

茶艺与服务

（第二版）

单慧芳　何　山　主　编

沈　洁　副主编

中国铁道出版社有限公司

CHINA RAILWAY PUBLISHING HOUSE CO., LTD.

内 容 简 介

本书在贯彻教育部提出的“以全面素质为基础、以能力为本位”教育教学指导思想的基础上，结合目前茶馆、茶室岗位和旅游中等职业学校学生的实际需求编写而成。全书共分六个单元，主要内容包括：茶叶的基本知识、茶艺的技术和茶艺的规范。前五单元是以产品导向的结构进行设计，每个产品的完成通过情景描述、情景分析、方法与步骤等形式呈现教学内容，引出产品完成需要掌握或了解的相关知识、提供技能训练的方法、要求及操作评价。第六单元则介绍了如何进行茶艺创业。本书在编写过程中力求紧密结合行业、结合岗位，突出茶艺服务的岗位技能要求。

本书广泛征求并听取了全国中等职业学校酒店（旅游）服务与管理专业教师的意见，也融入了教师们多年的教学实践经验；同时也融合了行业对茶艺服务岗位人才的要求，具有系统性、科学性和实用性等特点。

本书适合作为中等职业学校酒店（旅游）服务与管理专业教材，也可作为旅游中专、技工学校及在职人员的培训和自学用书。

图书在版编目（CIP）数据

茶艺与服务/单慧芳，何山主编. —2版. —北京：中国铁道出版社，2014.1（2023.2重印）
中等职业学校酒店服务与管理专业规划教材
ISBN 978-7-113-17613-6

Ⅰ.①茶… Ⅱ.①单… ②何… Ⅲ.①茶叶－文化－中国－中等专业学校－教材 Ⅳ.①TS971

中国版本图书馆CIP数据核字（2013）第263273号

书 名：茶艺与服务
作 者：单慧芳 何 山

策 划：陈 文 编辑部电话：（010）83527746
责任编辑：李中宝
编辑助理：姚 远
封面设计：刘 颖
封面制作：白 雪
责任印制：樊启鹏

出版发行：中国铁道出版社有限公司（100054，北京市西城区右安门西街8号）
网 址：http://www.tdpress.com/51eds/
印 刷：国铁印务有限公司
版 次：2009年2月第1版 2014年1月第2版 2023年2月第10次印刷
开 本：787 mm×1 092 mm 印张：8.5 字数：208千
书 号：ISBN 978-7-113-17613-6
定 价：29.00元

中等职业学校酒店服务与管理专业规划教材

序

国家社会科学基金课题“以就业为导向的职业教育教学理论与实践研究”在取得理论研究成果的基础上，选取了中等职业教育五个专业大类的20个专业开展实践研究。中等职业教育酒店服务与管理专业是其中之一。

这套教材的开发团队由职业教育专家、酒店行业专家和经过中等职业技术学校专业骨干教师国家级培训并取得优秀成绩的教师组成。他们在认真学习《国务院关于大力发展职业教育的决定》所提出的“以服务为宗旨、以就业为导向”办学方针和教育部提出的“以全面素质为基础、以能力为本位”教育教学指导思想的基础上，运用《职业教育课程设计》、《职业教育教学设计》、《职业教育教材设计》、《职业教育实训设计》所提出的理论方法，首先提出酒店服务与管理专业的整体教学解决方案，然后根据专业教学整体解决方案对教材的要求，编写了这套教材。

在教材体系的确立上，依据中等职业教育酒店服务与管理专业能力图表，通过课程设置分析，形成项目课程体系，从而确立教材体系。这在教材体系的确立上，实现了学科教育向职业教育的转变，落实了职业教育“以全面素质为基础、以能力为本位”的指导思想。

在教材内容的筛选上，应用职业分析方法，将典型的工作任务和成熟的最新成果纳入到教材的同时，又充分考虑了国家职业资格标准，在保证学历教育质量的同时，实现了学历证书和职业资格证书的“双证”融通，为职业学校学生顺利取得国家职业资格证书提供了条件。

在教材结构的设计上，采用了项目课程、任务驱动教学的结构设计，这不但符合职业教育实践导向教学指导思想，还将通用能力培养渗透到专业能力教学当中。《饭店服务礼仪》依据不同场合要求不同的礼仪，采用了以环境为导向的教材结构设计；在《前厅服务与管理》、《客房服务与管理》、《餐饮服务与管理》教材结构设计中，采用了以工作过程为导向的教材结构，因为这些服务与管理活动体现在工作过程的每个服务与管理环节上；《咖啡调制与服务》、《茶艺与服务》、《调酒与服务》、《插花艺术与服务》等教材的设计，采用了以产品为导向的结构，因为这类职业活

动是通过提供产品进行服务；《康乐服务与管理》教材，采用以康乐项目为导向的结构设计；《饭店服务心理与待客技巧》采用了以问题为导向的案例设计，便于读者对顾客心理分析能力的形成，灵活运用待客技巧，实施周到的服务；《饭店职业生涯设计》遵循酒店服务与管理专业技能型人才成长规律，采用以决策为导向的教材结构设计；《饭店文化》则采用了由近到远、由浅入深的螺旋结构设计，使学生易于理解并发展优秀的饭店文化；《饭店管理》将管理与饭店的岗位结合起来，形成了以饭店的岗位为导向的教材结构；《饭店信息技术》从运用信息技术提高工作质量和效率角度出发，采用了以质量与效率为导向的教材结构设计，充分反映了信息技术在饭店服务与管理活动中的工具性。

在教材素材的选择上，力求选择的素材来自于生产实际，并充分考虑其趣味性和可迁移性，以保证学生在完成任务时的认真态度，有效地促进学生职业兴趣发展和职业能力的拓展，并满足就业后很快适应工作的需要。

本套教材从课程标准的开发、教材体系的确立、教材内容的筛选、教材结构的设计，到教材素材的选择，得到了北京饭店、北京国际饭店、建国饭店、西苑饭店、长富宫饭店的大力支持，倾注了各位职业教育专家、酒店服务与管理专家、老师和中国铁道出版社各位编辑的心血，是我国职业教育教材为适应学科教育到职业教育、精英教育到人人教育两个转变的有益尝试，也是我主持的国家社会科学基金课题“以就业为导向的职业教育教学理论与实践研究”的又一成果。

如果本套教材有不足之处，请各位专家、老师和广大同学不吝指正。希望通过本套教材的出版，为我国职业教育和旅游事业的发展以及人才培养做出贡献。

第二版前言

随着经济的发展，人们的生活品位也随之提高，茶作为一种文化现象受到了越来越多的关注。相应地，《国务院关于大力发展职业教育的决定》中提出了“以服务为宗旨、以就业为导向”的办学方针，教育部提出了“以全面素质为基础、以能力为本位”的教育教学指导思想。在此基础上，结合目前中等职业学校学生的实际和茶艺师岗位对人才的要求，本套教材的出版恰逢其时。本套教材自出版以来，深受各类开设酒店服务与管理专业学校的欢迎，对此我们深表感激！同时各界读者在使用过程中，也给我们提出了许多宝贵的建议。本书在此次修改过程中，充分吸收和采纳了各界朋友的建议。作为酒店服务与管理专业的系列教材之一，本书以产品为导向，通过情景引领，即情景描述、情景分析、方法与步骤等形式呈现教学内容；突出教学内容与行业岗位紧密结合，突出学生的动手能力；培养学生的职业技能、职业态度、职业习惯，力求为茶艺的教学提供一本既符合岗位需求又符合学生实际的教学用书。

本书的特点是结构上采用产品导向的形式，对典型情景进行情景描述、情景分析，引出解决客人需求的方法步骤以及相关知识和技能，并提供技能训练方法、训练要求和综合评价；每一单元均通过一种产品引出对如何实现产品的描述、分析，进而引出教学内容；教材中的理论知识部分以够用、实用为原则；与行业岗位紧密结合，尽量弥补教学与岗位的脱节，增强教学内容的实用性、可操作性和有效性；教材增设对知识与技能的三级评价，其中一级评价是指学生能基本掌握相关知识和相关技能，二级评价是指学生能独立完成工作任务并较为熟练地运用相关知识，三级评价是指学生能熟练运用相关知识与相关技能，并能解决遇到的特殊问题。

其中，等级评价参考下面两个表。

等级说明表

等　级	说　明
3	能熟练运用相关知识与相关技能，并能解决遇到的特殊问题
2	能独立完成工作任务并较为熟练地运用相关知识
1	能基本掌握相关知识和相关技能

评价说明表

评　价	说　明
优秀	达到 3 级水平
良好	达到 2 级水平
合格	全部项目都达到 1 级水平
不合格	不能达到 1 级水平

本书在编写过程中得到了浙江省绍兴市职业教育中心、临海市旅游职业技术学校等单位的大力支持；倾注了各位职业教育专家、一线老师和中国铁道出版社编辑的心血和汗水，在此深表感谢！感谢邓泽民教授对本书的指导和帮助！同时也感谢杨贝宁、姚伟强、单慧利、单友兴、李富有、李调珍、单根发、李竹新、陈春燕、邓德智、卢静宜等老师的大力支持！

本书由浙江省绍兴市旅游学校单慧芳、浙江省临海市旅游职业技术学校何山任主编，沈洁任副主编。

由于编写者水平有限，书中难免存在不妥或疏漏之处，敬请读者不吝指正。

编者

2013 年 8 月

第一版前言

FOREWORD

随着中国经济在改革开放以来的迅猛发展，社会生活也变得愈加丰富多彩，茶艺作为一种文化现象受到了越来越多的关注。本书在《国务院关于大力发展职业教育的决定》提出的“以服务为宗旨、以就业为导向”的办学方针和教育部提出的“以全面素质为基础、以能力为本位”的教育教学思想的指导下，根据目前中等职业学校学生的实际状况和茶艺师岗位对人才的要求，采用以产品为导向的教材结构设计思路，通过任务描述、任务分析、方法与步骤等形式呈现教学内容；突出教学内容与行业岗位的紧密结合，培养学生的动手能力；强化学生的职业岗位技能、职业态度、职业习惯，力求为茶艺的教学提供一本既符合岗位需求也符合学生实际需要的教学用书。

本教材通过任务描述、任务分析、提出实现任务的方法与步骤，引出相关知识并提供技能训练方法、要求和操作评价；每一单元均通过一个产品引出针对本产品的相关工作任务，进而引出教学内容；教学内容做到与行业岗位紧密结合，尽量弥补教学与岗位的脱节，增强教学内容的实用性；方法与步骤部分做到图文并茂，形象直观，突出有效性和可操作性；另外，教材增设了对知识与技能的三级评价。

其中，等级评价参考下面两个表。

等级说明表

等　级	说　明
3	能熟练运用相关知识与相关技能，并能解决遇到的特殊问题
2	能独立完成工作任务并较为熟练地运用相关知识
1	能基本掌握相关知识和相关技能

评价说明表

评　价	说　明
优秀	达到 3 级水平
良好	达到 2 级水平
合格	全部项目都达到 1 级水平
不合格	不能达到 1 级水平

本书在编写过程中得到了浙江省临海市旅游职业技术学校、内蒙古包头市包钢二中、浙江省绍兴市旅游学校等单位的大力支持；倾注了各位职业教育专家、一线

教学老师的心血和汗水，在此深表感谢！同时，感谢邓泽民教授对本书的指导和帮助以及姚伟强、单慧利、单友兴、李富有、李调珍、单根发、李竹新、陈春燕、邓德智、卢静宜等老师的大力支持！

本书由浙江绍兴市旅游学校单慧芳、浙江省临海市旅游职业技术学校何山主编，内蒙古包头市包钢二中代智弘老师也参与了编写工作。

由于编写者水平有限，加上时间仓促，书中的问题和不足在所难免，企望大家谅解。

编者

2009 年 1 月

CONTENTS 目 录

目 录 CONTENTS

单元六 茶艺创业

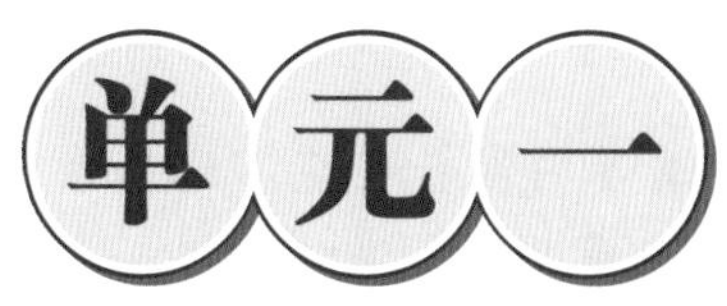

乌龙茶的沏泡与服务

乌龙茶闻名中外,有茶中"明珠"之称。它的诞生,增添了中华茶叶的光辉,曾博得历代中外名人和诗人的赞颂和讴歌。乌龙茶素有"如梅似兰"的幽香、"岩韵"的口感和"绿叶红镶边"的外形。乌龙茶所具有的独特特征则是由它别具一格的制造工艺所形成的。

能力目标

- 台湾乌龙茶的沏泡与服务
- 福建乌龙茶的沏泡与服务

任务一 沏泡台湾乌龙茶

台湾乌龙茶是中国台湾地区所产的乌龙茶，根据其萎凋做青程度不同分为台湾乌龙和台湾包种两类，“乌龙”萎凋做青程度较重，汤色金黄明亮，滋味浓厚，有熟果味香。最出名的台湾乌龙是产于南投县凤凰山、鹿谷镇的“冻顶乌龙”，香味特佳。其次是新竹县一带的峨眉、北浦等地的乌龙茶，都是采用优良品种青心大有、白毛猴、台茶5号等制作而成。“包种”萎凋做青程度较轻，主产于台北县一带的文山、七星山、淡水等地，其中以文山包种品质最好。台湾包种选用青心乌龙、台茶5、12、13号品种为原料制作而成。台湾包种因发酵程度较轻，叶色较绿，汤色黄亮，滋味近似绿茶。

台式茶艺侧重于对茶叶本身、与茶相关事物的关注，以及用茶氛围的营造。欣赏茶叶的色与香及外形，是茶艺中不可缺少的环节；冲泡过程的艺术化与技艺的高超，使泡茶成为一种美的享受；此外，对茶具的欣赏与应用，对饮茶与自悟修身、与人相处的思索，对品茗环境的设计都包容在茶艺之中。将艺术与生活紧密相连，将品饮与人性修养相融合，形成了亲切自然的品茗形式，这种形式也越来越为人们所接受。

情景描述

一天，两位外国客人在日月潭游览结束，来到我们茶馆，想要品尝中国台湾地区的茶，因此我们推荐台湾本土产的乌龙茶，主要有冻顶乌龙、台湾包种和高山乌龙等。茶艺师详细介绍了这几种茶各自的特点及冲泡方法，供客人选择品饮。

情景分析

中国台湾地区盛产茶叶，台湾乌龙茶源于福建，但是福建乌龙茶的制茶工艺传到台湾后有所改变。

冻顶乌龙茶成茶外形卷曲呈半球形，条索紧结整齐，叶尖卷曲呈虾球状，白毫显露，色泽墨绿油润，冲泡后茶叶自然冲顶壶盖，茶汤水色呈金黄且澄清明澈，清香扑鼻，香气中有桂花花香且略带焦糖色，叶底柔嫩稍透明，叶身淡绿，叶缘呈现锯齿状，带有红镶边，滋味甘醇浓厚，茶汤入口生津并富有活性，后韵回味强且经久耐泡，饮后杯底不留残渣。

包种茶外观呈条索状，色泽翠绿，水色蜜绿鲜艳带金黄，香气清香幽雅似花香，滋味甘醇滑润带活性。好的包种茶特别注重香气，这种高香味的茶，贵在开汤后香气特别浓郁，香气越浓郁代表品质越高，入口滋味甘润、清香，齿颊留香久久不散。具有香、浓、醇、韵、美的特色。素有“露凝香”“雾凝春”的美誉。

高山乌龙茶叶形如半球形状，色泽深绿，汤色为金黄色。香如金桂，清香甘甜为其一大特征。高山乌龙为轻设发酵茶。经萎凋、摇青、杀青、重揉捻，团揉，最后经文火烘干制成。色泽深绿，汤色金黄，花香突出，滋味浓醇且耐泡。

台湾冻顶乌龙茶茶艺表演形神俱备，因此我们向客人推荐了冻顶乌龙。

方法与步骤

听了我们的介绍后，两位外国客人决定选择品尝台湾冻顶乌龙茶。

台湾冻顶乌龙茶茶艺

1. 备器候用

将泡茶的用具准备好，如图 1-1-1 所示。器具主要有紫砂壶、品茗杯、闻香杯、茶荷、公道杯、水方、随手泡、“茶艺”六君子、储茶器、方巾等，图片详见附录 A。

图 1-1-1　备器候用

2. 鉴赏佳茗

台湾冻顶乌龙茶，外形条索紧结弯曲，呈半球形，色泽墨绿，冲泡后清香明显，汤色金黄明亮，滋味醇厚甘滑，饮后唇齿留香，回味无穷，如图 1-1-2 所示。

图 1-1-2　鉴赏佳茗

3．清泉初沸

泡茶用水讲究山水上，江水中，井水下。水煮到初沸为宜，如图 1-1-3 所示。

图 1-1-3　清泉初沸

4．温杯烫壶

泡茶是讲究水温的，因为水温一低，茶就不是泡出来的而是捂出来或闷出来的，即使是 100℃的开水碰到凉的茶壶，水温也会很快降下来，所以在泡茶前先要烫壶，雅称“孟臣沐淋”，如图 1-1-4 所示。

图 1-1-4　温杯烫壶

5．乌龙入宫

将茶叶置于紫砂壶中，茶的取量为整个茶壶容量的 1/2 ～ 1/3，如图 1-1-5 所示。

图 1-1-5　乌龙入宫

6．悬壶高冲

冲茶的作用是使茶叶在壶内上下翻动，充分吸收水分，有利于茶叶中的营养成分有效溶出。一般头泡茶不喝，有“一泡水，二泡茶，三泡四泡是精华”之说，所以第一泡润茶之水弃而不喝，如图 1-1-6 所示。

图 1-1-6　悬壶高冲

7. 凤凰点头

高提水壶，上下提拉注水，反复三次，表示凤凰再三向嘉宾点头致意，如图 1-1-7 所示。

图 1-1-7　凤凰点头

8. 推泡抽眉

用壶盖轻轻刮去壶口表面的泡沫，使茶汤清新洁净，如图 1-1-8 所示。

图 1-1-8　推泡抽眉

9．春风拂面

用沸水淋洗壶身以冲去表面泡沫及茶叶微粒，同时又能提高壶的温度。它使茶的色、香、味发挥到极致，如图 1-1-9 所示。

图 1-1-9　春风拂面

10．若琛出浴

即清洗杯子。若琛是清初制作茶杯的名师，后人为了纪念他，将名贵的茶杯称为若琛杯，如图 1-1-10 所示。

图 1-1-10　若琛出浴

11．玉液回壶

将泡好的茶汤注入茶海。茶海可用来均匀茶汤，使茶没有浓淡之分，这样茶汤的颜色是一样的，寓意“天下茶人是一家”，如图 1-1-11 所示。

图 1-1-11　玉液回壶

12．行云流水

将泡好的茶汤依次注入闻香杯中，如图 1-1-12 所示。

图 1-1-12　行云流水

13．点水留香

当茶汤留有少许时，依次向每杯中点斟，如图 1-1-13 所示。

图 1-1-13　点水留香

14．鲤鱼翻身

用品茗杯盖住闻香杯，将杯子轻轻翻转过来，寓意鲤鱼翻身跃龙门。借此道程序祝嘉宾万事如意，如图 1-1-14 所示。

图 1-1-14　鲤鱼翻身

15．敬奉香茗

将冲泡好的乌龙茶敬奉给尊贵的客人，如图 1-1-15 所示。

图 1-1-15　敬奉香茗

16．喜闻幽香

将闻香杯轻轻提起，在杯沿旋转一圈，握在手中闻热茶香。闻过热茶香之后待杯子冷却时再闻冷香，如图 1-1-16 所示。

图 1-1-16　喜闻幽香

17. 三龙护鼎

用中指、食指捏杯体，拇指托杯底，雅称“三龙护鼎”。以此手法饮茶，既稳当又雅观，如图 1-1-17 所示。

图 1-1-17　三龙护鼎

18. 鉴赏汤色

鉴赏不但可以观察到茶汤的颜色，还可以领会出泡茶者的技艺，如图 1-1-18 所示。

图 1-1-18　鉴赏汤色

19．初品佳茗

小口喝入茶汤，使茶汤从舌尖到两侧再到舌根，以辨别茶汤的鲜爽、浓淡与厚薄，还可以体会到茶汤的香气，如图 1-1-19 所示。

图 1-1-19　初品佳茗

20．收杯尽具

将收回的杯子重新烫洗一遍，以备候用，如图 1-1-20 所示。

图 1-1-20　收杯尽具

相关知识

1．台湾乌龙茶的介绍

产于中国台湾地区，属半发酵茶类。它是我国几大茶类中，独具鲜明特色的茶叶品类。在制作工艺中多了一道“回软”工序，所做出的茶叶外观为全球型，颜色为墨绿，颗粒饱满。其品质最具特别，既具有绿茶的清香和花果香，又具有红茶醇厚的滋味，是由茶树品种、气候、季节以及独特的工艺引发出来的。

2．台湾乌龙茶的分类

台湾乌龙茶分为以下 3 种。

• 台湾包种。
• 冻顶乌龙。
• 高山乌龙。

3．台湾乌龙茶的制作

（1）采摘

（2）室外萎凋

（3）室内萎凋

（4）发酵

（5）杀青

（6）初揉

（7）初干

（8）团揉

（9）干燥

4. 台湾乌龙茶的作用

（1）预防蛀牙

饭后一杯茶，除了能生津止渴、口气清爽之外，喝乌龙茶还有预防蛀牙的功效。

（2）消除危害健康、影响容貌的活性氧

活性氧是由于照射紫外线、抽烟、食用食品添加剂、压力过大等因素而在体内产生的物质。它通过将体内的脂肪转化成过氧化脂肪，从而引发生活习惯病，损害身体健康。同时，活性氧还会造成肌肤老化、产生皱纹等一系列影响容貌的问题。

（3）每天喝乌龙茶能改善皮肤过敏

有调查表明，皮肤病患者中患过敏性皮炎的人数居多。到目前为止这种皮炎发生的原因尚未明确，但乌龙茶有抑制该种病情发展的功效。

（4）饮用乌龙茶能瘦身

饮用乌龙茶可以提升类蛋白脂肪酶的功能。意思是说，并非乌龙茶本身能溶解脂肪，而是它可以提高分解脂肪的酵素的功能，所以饮用乌龙茶后，脂肪代谢量相对地提高了，从而起到了减肥瘦身的功效。

(5) 抗肿瘤、预防老化

乌龙茶具有促进血液中脂肪分解的功效，同时也能降低胆固醇的含量。

技能训练

技能训练一：仪态练习

坐姿：① 挺胸收腹，双肩自然下垂，手放在茶巾上，坐椅子的1/3，进行练习。

② 两人一组进行迎宾问候与行走引路相结合的练习。

技能训练二：操作流程练习

① 进行茶具的摆放练习。

② 按操作前的准备—接待—泡茶演示—泡茶后的服务这一流程进行练习。

技能训练三：泡茶语言练习

要有韵味，节奏与动作配合，口齿清楚，要把几千年的茶文化通过语言表达出来。

操作评价

工作能力评价表

内容			评价	
学习目标		评价项目	小组评价 (3、2、1)	教师评价 (3、2、1)
知识	应知应会	台湾乌龙茶的特点		
		台湾乌龙茶的分类		
		台湾乌龙茶茶具的选择		
		台湾乌龙茶的沏泡程序		
专业能力	台湾乌龙茶的鉴别	台湾乌龙茶的色香味鉴定		
	台湾乌龙茶的沏泡	沏泡台湾乌龙茶的流程		
	台湾乌龙茶的品尝	不同台湾乌龙茶的品尝		
通用能力	语言能力	泡茶语言		
	沟通能力	能正确理解宾客的需要		
	推销能力	推销茶水		
	自我管理能力			
	组织协调能力			
态度	敬业爱岗			

任务二 沏泡福建乌龙茶

福建简称闽。因此，福建乌龙茶又称闽式乌龙茶。福建乌龙茶主要分闽北乌龙和闽南乌龙，产于福建省北部武夷山一带的乌龙茶属于闽北乌龙，俗称“闽北乌龙茶”，主要有武夷岩茶、闽北水仙、闽北乌龙，其中以武夷岩茶知名度最高。闽南是乌龙茶的发源地，由此传向闽北、广东和台湾。产于福建南部的乌龙茶中，最享盛誉的是“铁观音”。“黄金桂”也是闽南乌龙茶中的珍品，其次还有佛手、毛蟹、本山等。闽南乌龙茶以安溪县产量最多，“铁观音”与“黄金桂”是安溪乌龙茶的两大名茶，在日本、东南亚也有很高的声誉。

情景描述

一天，两位外国客人在武夷山游览结束，来到我们茶馆，想要品尝福建的茶，因此我们推荐福建本土产的乌龙茶，主要有大红袍、铁观音等。茶艺师详细介绍了这几种茶各自的特点，供客人选择品饮。

情景分析

由于乌龙茶的产区、茶树品种的不同，其特征也有所不同。武夷岩茶滋味浓醇清活，生津回甘，浓饮而不苦涩，这种特有的韵味，叫“岩韵”。安溪铁观音滋味浓厚滑爽，浓饮稍苦涩，后回甘，历久犹有余香，这种独特的韵味，称为“观音韵”或“音韵”。乌龙茶的叶底边缘呈红褐色，而当中部分为淡绿色，形成奇特的“绿叶红镶边”，这就是乌龙茶特有的工艺，形成半发酵的特征。

大红袍的品质特征是：外形条索紧结，色泽绿褐鲜润，冲泡后汤色橙黄明亮，叶片红绿相间，典型的叶片有绿叶镶红边之美感。大红袍品质最突出之处是香气馥郁有兰花香，香高而持久，“岩韵”明显。大红袍很耐冲泡，冲泡七八次仍有香味。品饮大红袍茶，必须按“工夫茶”小壶小杯细品慢饮的程式，才能真正品尝到岩茶之巅的韵味。

优质铁观音茶条卷曲、壮结、沉重，呈青蒂绿腹蜻蜓头状。色泽鲜润，砂绿显，红点明，叶表带白霜，这是优质铁观音的重要特征之一。铁观音汤色金黄，浓艳清澈，叶底肥厚明亮，具绸面光泽。泡饮茶汤醇厚甘鲜，入口回甘带蜜味。香气馥郁持久，有“七泡有余香之誉”。近来国内外的试验研究表明，安溪铁观音所含的香气成分种类最为丰富，而且中、低沸点香气组分所占比重明显大于用其他品种茶树鲜叶制成的乌龙茶。

方法与步骤

两位外国客人深深地被我们的介绍所吸引，他们决定选择品尝闽式乌龙茶。

闽式乌龙茶冲饮方式特别，技艺细致而考究，素有工夫茶之称，这套茶艺共有十八道程序。

闽式乌龙茶茶艺

1．备器候用

准备泡茶用具，如图 1-2-1 所示。器具主要有：紫砂壶、品茗杯、闻香杯、茶荷、公道杯、水方、随手泡、“茶艺”六君子、储茶器、方巾等，图片详见附录 A。

图 1-2-1　备器候用

2. 叶嘉酬宾

请客人观赏茶叶。“叶嘉”是宋代大文豪苏东坡用拟人手法，比喻茶之佳美如图 1-2-2 所示。

图 1-2-2　叶嘉酬宾

3．活煮山泉

“香泉一合乳，煎作连珠沸。”泡茶以山泉水为上，煮到初沸为宜，如图 1-2-3 所示。

图 1-2-3　活煮山泉

4．孟臣沐淋

即烫洗茶壶，孟臣是明代紫砂壶制作名家，后人把茶壶喻为孟臣壶，如图 1-2-4 所示。

图 1-2-4　孟臣沐淋

5. 乌龙入宫

把乌龙茶投入紫砂壶内，如图 1-2-5 所示。

图 1-2-5　乌龙入宫

6. 悬壶高冲

高冲水可使茶叶上下翻动，利于茶叶中的有效成分充分溶出，如图 1-2-6 所示。

图 1-2-6　悬壶高冲

7．春风拂面

用壶盖轻轻刮去表面的泡沫，使茶叶清新洁净，如图 1-2-7 所示。

图 1-2-7　春风拂面

8．重洗仙颜

用开水浇淋茶壶，既洗净壶的表面，又能提高壶温，如图 1-2-8 所示。

图 1-2-8　重洗仙颜

9. 若琛出浴

即烫洗茶杯，若琛是清初人，以善制茶杯而出名，后人把名贵的茶杯喻为若琛杯，如图 1-2-9 所示。

图 1-2-9　若琛出浴

10. 游山玩水

即刮去壶四周之水，防其滴入杯中，如图 1-2-10 所示。

图 1-2-10　游山玩水

11．关公巡城

即依次来回向各杯斟茶水，如图 1-2-11 所示。

图 1-2-11 关公巡城

12．韩信点兵

壶中茶水剩少许时，则往各杯点斟茶水，如图 1-2-12 所示。

图 1-2-12 韩信点兵

13．敬奉香茗

将冲泡好的乌龙茶茶汤，恭敬地奉献给各位嘉宾，如图 1-2-13 所示。

图 1-2-13　敬奉香茗

14．三龙护鼎

以此手法持杯饮茶，既稳当又雅观，如图 1-2-14 所示。

图 1-2-14　三龙护鼎

15．鉴赏三色

认真观看茶汤在杯中上、中、下的三种颜色，如图 1-2-15 所示。

图 1-2-15　鉴赏三色

16．喜闻幽香

即嗅闻茶香，如图 1-2-16 所示。

图 1-2-16　喜闻幽香

17．初品奇茗

观色闻香之后，开始细品茶味，如图 1-2-17 所示。

图 1-2-17　初品奇茗

18．收杯尽具

将收回的杯子重新烫洗一遍，以示对各位来宾的谢意，如图 1-2-18 所示。

图 1-2-18　收杯尽具

相关知识

1. 福建乌龙茶介绍

乌龙茶因产地不同，而风格品质各异。其主要品种有闽北乌龙、闽南乌龙。闽北乌龙茶中最负盛名的是武夷岩茶，其次为“四大名从”，即大红袍、铁罗汉、白鸡冠和水金龟。此外，还有闽北水仙和武夷肉桂。闽南乌龙茶中最著名的是安溪铁观音，此外还有黄金桂等。

2. 福建乌龙茶的特点

正宗的乌龙茶经冲泡后，叶片展开，可见叶中间呈绿色，叶缘呈红色，因此素有“绿叶红镶边”的美称。细细品味乌龙茶，有天然花香，汤色黄红，滋味浓醇，具有独特的韵味。

3. 福建乌龙茶的分类

主要分两大类，即闽北乌龙和闽南乌龙。产于福建北部武夷山一带的乌龙茶都属闽北乌龙，主要有武夷岩茶、武夷水仙和闽北乌龙。闽南是乌龙茶的发源地，以安溪县所产乌龙茶最为著名，主要有铁观音、黄金桂等。

4. 福建乌龙茶的制作

（1）闽南乌龙茶初制工序

凉青→晒青→摇青→炒青→初揉→初烘→初包揉→复烘→复包揉→足火

① 凉青：采回的鲜叶，按不同品种、老嫩和采摘时间分别摊放于筛劳内（直径 100cm），每筛 1 ~ 1.5kg，摊凉过程要翻叶 2 ~ 3 次。凉青的作用是散发叶温和水分，保持叶子的新鲜度，使水分含量相对一致。

② 晒青：晒青是日光萎凋。晒青的作用是使鲜叶在较短的时间里适度失水，使叶质柔软，同时提高叶温，加速化学变化，如叶色变暗、青气减退、香气显露等。晒青与摇青关系很大。

③ 摇青：摇青是决定乌龙茶品质的关键工序。目前闽南茶区多采用竹制圆筒式摇青机。装叶量为摇青机容积的 1/2 左右。摇青转数根据气候、品种、晒青程度的不同而灵活掌握，即“看天做青、看青做青”。气温低，湿度高的春季，水分散失慢，叶内化学变化慢，宜重摇；气温高、湿度低的夏暑季，水分散失快，叶内化学变化快，宜轻摇。

④ 炒青：炒青是通过高温酶促氧化作用，使叶质柔软便于揉捻。闽南茶区用 110 型滚筒杀青机，筒温 260℃左右，投叶量 25 ~ 30kg，炒青时间 5 ~ 7 分钟。

⑤ 初揉：采用乌龙茶揉捻机。初揉原则为“趁热、少量、重压、快速、短时”。要求揉出茶叶，初步卷成茶条。初揉后及时解块，上烘，以免闷黄。

⑥ 初烘：初烘温度为 110 ~ 120℃，烘至六成半干，即茶条不粘手时，再进行初包揉。

⑦ 初包揉：近年来闽南茶区多采用台式乌龙茶包揉机械进行包揉。将初烘叶趁热放置在 1.3m 见方的白布巾中．每包 6 ~ 8kg，用速包机速包成南瓜球状，放置球茶机内包揉，包揉时间 8 ~ 12 分钟（叶温高、揉时短，叶温低、揉时长）后，迅速松包解块，散发热气，以免闷黄，再速包，包揉 8 ~ 12 分钟。

⑧ 复烘：复烘温度 90 ~ 100℃，烘至茶条有微感刺手时下机。

⑨ 复包揉：重复初包揉工艺流程。在多次包揉过程中，速包压力一般为轻、重、稍重，前期压力过重，易产生团块、扁块；后期压力过重对完整度不利，压力不足不易成形。

⑩ 足火：采用“低温慢烤”，温度 70 ~ 80℃，焙至茶梗手折断脆、气味清纯即可下机，稍经摊凉，装袋。

（2）闽北乌龙茶的初制工序

晒青→凉青→摇青→炒青→揉捻→复炒→复揉→毛火→扇簸摊凉→拣剔→足火→炖火

① 晒青与凉青：晒青是闽北乌龙茶的第一道工序，也是关键工序之一。鲜叶按不同品种、产地和采摘时间分别晒青。将鲜叶均匀平铺于水筛上，放置于弱光下，其间翻青 2 ~ 3 次。晒青程度应根据原料老嫩、品种与含水量灵活掌握，做到“看青晒青”。一般原料嫩的、叶质薄的、含水量少的，晒青宜轻，反之则重。凉青是将晒青叶二筛并一筛，抖松后放置于凉青架上，放在通风阴凉的场所，散发青叶中的热量，促进梗叶水分的平衡。凉青时间半小时左右，凉至适度后，三筛并为二筛移至摇青室作业。

② 摇青：摇青是形成乌龙茶品质的关键工序。摇青室一般要求温湿度相对稳定，室温保持在 20 ~ 26℃，相对湿度 70% 左右。室温低于 18℃要加温，否则物质转化速率减缓，做青历时拖长。摇青适度的叶子，叶脉透明，叶面黄亮，叶缘红边明显，带有“三红七绿”，叶缘向背卷，呈汤匙状，兰花香起，叶质柔软。

③ 炒青与揉捻：多采用 110 型瓶式杀青机进行炒青，锅温 260 ~ 300℃，投叶量 25 ~ 30kg，采用先闷后扬的方法，待叶质柔软，青气消失清香显露，即可下机，全程 5 ~ 6 分钟。揉捻采用乌龙茶揉捻机，转速 60 转 / 分钟，揉时 7 ~ 8 分钟，掌握适量、热揉、快揉，逐步加重压的方法。

④ 复炒与复揉：将炒青与揉捻的过程重复一遍。

⑤ 烘焙和簸拣：从毛火到炖火的工序可归结为烘焙和簸拣。烘焙分毛火与足火。毛火叶经长时间后簸拣，再足火。毛火叶经长时间摊凉是岩茶制法特点之一，毛火叶先筛去碎末，簸去黄片和轻飘物后，摊在水筛上，至第二天清晨再拣剔。拣剔主要去除茶梗，也拣黄片。足火采用低温慢烤，促使乌龙茶香味逐渐形成并相对固定下来，风温为 80 ~ 85℃，烘至足干，然后进入“吃火”工序，其工序又是岩茶制法的特点之一，是传统制法必不可少的重要工序，在足干的基础上，连续长时间的文火慢炖，对增进汤色，提高滋味醇度，促进茶香熟化都起到很好的作用。“吃火”温度 60℃左右，并在烘笼上加盖，时间 2 小时左右，直到有火香为止。

5. 福建乌龙茶的作用

福建乌龙茶的作用与台湾乌龙茶的作用相同，此处不再赘述。

相关知识链接

铁观音的传说

安溪是福建省东南部靠近厦门的一个县，是闽南乌龙茶的主产区，种茶历史悠久，唐代已有茶叶出产。安溪境内雨量充沛，气候温和，适宜于茶树的生长，而且经历代茶人的辛勤劳动，选育繁殖了一系列茶树良种，目前境内保存的良种有 60 多个，铁观音、黄旦、本山、毛蟹、大叶乌龙、梅占等都属于全国

相关知识链接

知名良种。因此，安溪有“茶树良种宝库”之称。在众多的茶树良种中，品质最优秀、知名度最高的要数“铁观音”了。铁观音原产安溪县西坪镇，已有200多年的历史。关于铁观音品种的由来，在安溪还流传着这样一个故事。相传，清乾隆年间，安溪西坪上尧茶农魏饮制得一手好茶，他每日晨昏泡茶三杯供奉观音菩萨，十年从不间断，可见礼佛之诚。一夜，魏饮梦见在山崖上有一株透发兰花香味的茶树，正想采摘时，一阵狗吠把好梦惊醒。第二天果然在崖石上发现了一株与梦中一模一样的茶树，于是采下一些芽叶，带回家中，精心制作。制成之后茶味甘醇鲜爽，精神为之一振。魏饮认为这是茶之王，就把这株茶挖回家进行繁殖。几年之后，茶树长得枝叶茂盛。因为此茶美如观音重如铁，又是观音托梦所获，就叫它“铁观音”，从此铁观音就名扬天下。铁观音是乌龙茶的极品，其品质特征是：茶条郑曲，肥壮圆结，沉重匀整，色泽砂绿，整体形状似蜻蜓头、螺旋体、青蛙腿。冲泡后汤色多黄浓艳似琥珀，有天然馥郁的兰花香，滋味醇厚甘鲜，回甘悠久，俗称有“音韵”。茶音高而持久，可谓“七泡有余香”。

技能训练

技能训练一：仪态练习

坐姿：① 挺胸收腹，双肩自然下垂，手放在茶巾上，坐椅子的1/3，进行练习。

② 两人一组进行迎宾问候与行走引路相结合的练习。

技能训练二：操作流程练习

① 进行茶具的摆放练习。

② 按操作前的准备—接待—泡茶演示—泡茶后的服务这一流程进行练习。

技能训练三：泡茶语言练习

要有韵味，节奏与动作配合，口齿清楚，要把茶文化通过语言表达出来。

操作评价

工作能力评价表

内容			评价	
学习目标		评价项目	小组评价（3、2、1）	教师评价（3、2、1）
知识	应知应会	福建乌龙茶的特点		
		福建乌龙茶的分类		
		福建乌龙茶茶具的选择		
		福建乌龙茶的沏泡程序		

续表

内容			评价	
学习目标		评价项目	小组评价（3、2、1）	教师评价（3、2、1）
专业能力	福建乌龙茶的鉴别	福建乌龙茶的色香味鉴定		
	福建乌龙茶的沏泡	沏泡福建乌龙茶的流程		
	福建乌龙茶的品尝	不同福建乌龙茶的品尝		
通用能力	语言能力	泡茶语言		
	沟通能力	能正确理解宾客的需要		
	推销能力	推销茶水		
	自我管理能力			
	组织协调能力			
态度	敬业爱岗			

读书笔记

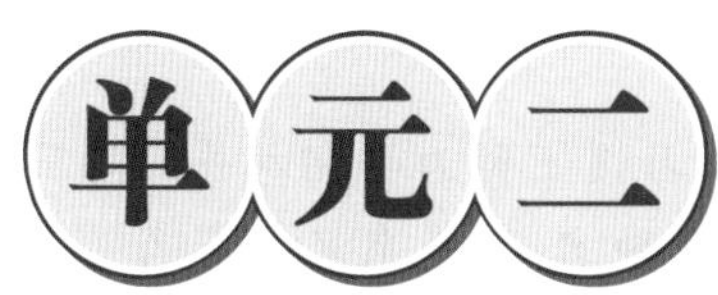

绿茶的沏泡与服务

茶——天地间的灵性植物，生于明山秀水之间，与青山为伴，以明月、清风、云雾为侣，得天地之精华而造福于人类。绿茶以头泡茶香味鲜爽，二泡茶浓而不鲜，三泡茶香尽味淡，四泡茶缺少滋味，再泡就无多少品饮价值了。绿茶以其独特的品质和保健功效，流传数千年，深受人们喜爱。

能力目标

- 西湖龙井茶的沏泡与服务
- 碧螺春的沏泡与服务

任务一 沏泡西湖龙井

西湖龙井茶，因产于杭州西湖山区的龙井而得名。习惯上称为西湖龙井，简而化之，索性称这种色香味形别具风格的茶叶为龙井。龙井，既是地名，又是泉名和茶名。龙井茶，素有“色绿、香郁、味甘、形美”四绝之誉。西湖龙井，正是“三名”巧合，“四绝”俱佳。

龙井茶采摘十分细致，要求苛刻。高级龙井茶，在清明前后采摘。清明采制的龙井茶，称为“明前”。明前龙井，为龙井茶中极品，产量很少，异常珍贵。以采摘嫩度和时期不同，制成的龙井茶又分莲心、旗枪、雀舌等花色。

西湖山区各地所产的龙井茶，由于生长条件不同，质量和炒制技巧略有差异，形成了不同的质量风格。历史上按产地分为四个花色品目，即“狮、龙、云、虎”四个字号。其中以狮峰龙井质量最佳，最富盛誉。现在其调整为“狮、龙、梅”三个品目，仍以狮峰龙井质量最佳。

情景描述

一天，一位客人带着他的美国朋友游览完杭州西湖，来到我们茶馆，想品尝杭州的茶。杭州有中国茶都之称，杭州茶文化的底蕴也相当深厚，不仅有免费开放的中国茶叶博物馆，还有许多富有特色的茶村，欧美游客可以学习采茶、炒茶、辨茶，进行茶道交流。杭州最有名的茶当属西湖龙井，此茶以色绿、香郁、味甘、形美“四绝”闻名。特级西湖龙井茶扁平光滑挺直，色泽嫩绿光润，香气鲜嫩清高，滋味鲜爽甘醇，叶底细嫩呈朵。清明节前采制的龙井茶简称明前龙井，美称女儿红，“院外风荷西子笑，明前龙井女儿红。”这优美的句子如诗如画，堪称西湖龙井茶的绝妙写真。集名山、名寺、名湖、名泉和名茶于一体，泡一杯龙井茶，喝出的却是世所罕见的独特而骄人的龙井茶文化。因此我们推荐西湖龙井。

情景分析

冲泡西湖龙井茶，比较讲究的是用玻璃杯或白瓷盖碗。冲泡后，香气清高持久，香馥若兰；汤色杏绿，清澈明亮，叶底嫩绿，匀齐成朵，芽芽直立，栩栩如生。品饮茶汤，沁人心脾，齿间流芳，回味无穷。在冲泡时要注意水温，高级名优绿茶只需用 80 ～ 85℃的水冲泡即可。

方法与步骤

两位外国客人决定在我们茶馆歇脚品茶，一边欣赏西湖美景，一边品尝杭州的龙井名茶。

西湖龙井茶艺

1. 初识仙姿

器具主要有：玻璃杯、茶荷、水方、随手泡、“茶艺”六君子、储茶器、方巾等，图片详见附录 A。

龙井茶外形扁平光滑，享有色绿、香郁、味醇、形美“四绝”之盛誉。优质龙井茶，通常以清明前采制的为最好，称为明前茶；谷雨前采制的稍逊，称为雨前茶；而谷雨之后的就非上品了。明人田艺衡曾有“烹煎黄金芽，不取谷雨后。”之语，如图 2-1-1 所示。

图 2-1-1　初识仙姿

2．再赏甘霖

“龙井茶、虎跑水”是为杭州西湖双绝，冲泡龙井茶必用虎跑水，如此才能茶水交融，相得益彰。虎跑泉的泉水是从砂岩、石英砂中渗出，流量为 43.2 ～ 86.4m^3/d。将硬币轻轻置于盛满虎跑泉水的赏泉杯中，硬币置于水上而不沉，水面高于杯口而不外溢，表明该水的水分子密度高，表面张力大，碳酸钙含量低。请来宾品赏这甘霖清冽的佳泉，如图 2-1-2 所示。

图 2-1-2　再赏甘霖

3．静心备具

冲泡高档绿茶要用透明无花的玻璃杯，以便更好地欣赏茶叶在水中上下翻飞、翩翩起舞的仙姿，观赏碧绿的汤色、细嫩的茸毫，领略清新的茶香。冲泡龙井茶更是如此。现在，将水注入将用的玻璃杯，一来清洁杯子，二来为杯子增温。茶是圣洁之物，因此泡茶人要怀有一颗圣洁之心，如图 2-1-3 所示。

图 2-1-3　静心备具

4．悉心置茶

“茶滋于水，水藉于器。”茶与水的比例适宜，冲泡出来的茶才能不失茶性，充分展示茶的特色。一般来说，茶叶与水的比例为 1 ∶ 50，即 100ml 容量的杯子放入 2g 茶叶。现将茶叶用茶则从茶仓中轻轻取出，每杯用茶 2 ～ 3g。置茶要心态平静，茶叶勿掉落在杯外。敬茶惜茶，是茶人应有的修养，如图 2-1-4 所示。

图 2-1-4　悉心置茶

5. 温润茶芽

采用“回旋斟水法”向杯中注水少许，以 1/4 杯为宜，温润的目的是浸润茶芽，使干茶吸水舒展，为将要进行的冲泡打好基础，如图 2-1-5 所示。

图 2-1-5　温润茶芽

6. 悬壶高冲

温润的茶芽已经散发出一缕清香，这时高提水壶，让水直泻而下，接着利用手腕的力量，上下提拉注水，反复三次，让茶叶在水中翻动。这一冲泡手法，雅称凤凰三点头。凤凰三点头不仅为了泡茶本身的需要，为了显示冲泡者的姿态优美，更是中国传统礼仪的体现。三点头像是对客人鞠躬行礼，是对客人表示敬意，同时也表达了对茶的敬意，如图 2-1-6 所示。

图 2-1-6　悬壶高冲

7．甘露敬宾

客来敬茶是中国的传统习俗，也是茶人所遵从的茶训。将自己精心泡制的清茶与新朋老友共赏，别有一番欢愉，如图 2-1-7 所示。

图 2-1-7　甘露敬宾

8．辨香识韵

评定一杯茶的优劣，必从色、香、味、形入手。龙井是茶中珍品，素有“色绿、香郁、味甘、形美”四绝佳茗之称。其色澄清碧绿，其形一旗一枪，交错相映，上下沉浮。通常采摘茶叶时，只采嫩芽称“莲心”；一芽一叶，叶似旗、芽似枪，则称为“旗枪”；一芽两叶，叶形卷曲，形似雀舌，故称“雀舌”。闻其香，则是香气清新醇厚，无浓烈之感，细品慢啜，体会齿颊留芳、甘泽润喉的感觉，如图 2-1-8 所示。

图 2-1-8　辨香识韵

相关知识

1．西湖龙井的介绍

西湖龙井这个名词缘于茶叶的所在地——龙井。龙井既是地名，又是泉名。龙井茶属于绿茶。西湖龙井是我国的第一名茶，历史上曾分为“狮、龙、云、虎、梅”五个品号，现在统称为西湖龙井茶。

2．西湖龙井的特点

西湖龙井茶产于西湖四周的群山之中，其品质特点是，外形扁平挺秀，色泽绿翠，内质清香味醇，泡在杯中，芽叶色绿，好比出水芙蓉，栩栩如生。西湖龙井茶素以“色绿、香郁、味甘、形美”四绝称著。

3．西湖龙井分类

西湖龙井茶按等级可分为特级和一至五级，共 6 个级别样。

特级：一芽一叶初展，扁平光滑。

一级：一芽一叶开展，含一芽二叶初展，较扁平光洁。

二级：一芽二叶开展，较扁平。

三级：一芽二叶开展，含少量二叶对夹叶，尚扁平。

四级：一芽二、三叶与对夹叶，尚扁平，较宽，欠光洁。

五级：一芽三叶与对夹叶，扁平较毛糙。

4．绿茶的作用

（1）绿茶抗衰老

绿茶所含的抗氧化剂有助于抵抗老化。因为人体新陈代谢的过程，如果过氧化，会产生大量自由基，容易老化，也会使细胞受伤。SOD（超氧化物歧化）是自由基清除剂，能有效清除过剩自由基，阻止自由基对人体的损伤。绿茶中的儿茶素能显著提高 SOD 的活性，清除自由基。

（2）绿茶抗菌

研究显示，绿茶中儿茶素对引起人体致病的部分细菌有抑制效果，同时又不致伤害肠内有益菌的繁衍，因此绿茶具备整肠的功能。有研究表明茶多酚能清除机体内过多的有害自由基，能够再生人体内的 α-VE、VC、GSH、SOD 等高效抗氧化物质，从而保护和修复抗氧化系统，对增强机体免疫、对防癌 、抗衰老都有显著效果。长喝绿茶能降低血糖、血脂、血压，从而预防心脑血管疾病 。日本昭和大学的医学研究小组的在 1ml 稀释至普通茶水的 1/20 浓度的茶多酚溶液里放入 10 000 个剧毒大肠杆菌 O-157，5 个小时后细菌全部死亡。

（3）绿茶降血脂

科学家做的动物实验表明，绿茶中的儿茶素能降低血浆中总胆固醇、游离胆固醇、低密度脂蛋白胆固醇，以及三酸甘油酯的量，同时可以增加高密度脂蛋白胆固醇。对人体的实验表明具有抑制血小板凝集、降低动脉硬化发生率。绿茶含有黄酮醇类，有抗氧化作用，亦可防止血液凝块及血小板成团，降低心血管疾病。

（4）绿茶瘦身减脂

绿茶含有茶碱及咖啡因，可以经由许多作用活化蛋白质激酶及三酸甘油酯解脂酶，减少脂肪细胞堆积，因此达到减肥功效。

（5）绿茶防龋齿、清口臭

绿茶含有氟，其中儿茶素可以抑制生龋菌作用，减少牙菌斑及牙周炎的发生。茶所含的单宁酸，具有杀菌作用，能阻止食物渣屑繁殖细菌，故可以有效防止口臭。

（6）绿茶防癌

绿茶对某些癌症有抑制作用，但其原理皆限于推论阶段。对防癌症的发生，多喝茶必然是有其正向的作用。

（7）绿茶美白及防紫外线

专家们在动物实验中发现，绿茶中的儿茶素类物质能抗 UV-B 所引发的皮肤癌。

（8）绿茶可改善消化不良情况

近年的研究报告显示，绿茶能够帮助改善消化不良的情况，比如由细菌引起的急性腹泻，喝一点绿茶可减轻病况。

龙井茶与虎跑泉的传说

传说乾隆皇帝下江南时，来到杭州龙井狮峰山下，看乡女采茶，以示体察民情。这天，乾隆皇帝看见几个乡女正在十多棵绿茵茵的茶蓬前采茶，心中一乐，也学着采了起来。刚采了一把，忽然太监来报："太后有病，请皇上急速回京。"乾隆皇帝听说太后娘娘有病，随手将一把茶叶向袋内一放，日夜兼程赶回京城。其实太后只因山珍海味吃多了，一时肝火上升，双眼红肿，胃里不适，并没有大病。此时见皇儿来到，只觉一股清香传来，便问带来什么好东西。皇帝也觉得奇怪，哪来的清香呢？他随手一摸，啊，原来是杭州狮峰山的一把茶叶，几天过后已经干了，浓郁的香气就是它散发出来了。太后便想尝尝茶叶的味道，宫女将茶泡好，茶送到太后面前，果然清香扑鼻，太后喝了一口，双眼顿时舒适多了，喝完了茶，红肿消了，胃不胀了。太后高兴地说："杭州龙井的茶叶，真是灵丹妙药。"乾隆皇帝见太后这么高兴，立即传令下去，将杭州龙井狮峰山下胡公庙前那十八棵茶树封为御茶，每年采摘新茶，专门进贡太后。至今，杭州龙井村胡公庙前还保存着这十八棵御茶，到杭州的旅游者中有不少还专程去察访一番，拍照留念。

龙井茶（中国十大名茶之一）、虎跑泉素称"杭州双绝"。虎跑泉是怎样来的呢？据说很早以前有兄弟二人，哥名大虎，弟名二虎，二人力大过人。有一年二人来到杭州，想安家住在现在虎跑的小寺院里。和尚告诉他俩，这里吃水困难，要翻几道岭去挑水，兄弟俩说，只要能住，挑水的事我们包了，于是和尚收留了兄弟俩。有一年夏天，天旱无雨，小溪也干涸了，吃水更困难了。一天，兄弟俩想起流浪过南岳衡山的"童子泉"，

相关知识链接

如能将童子泉移来杭州就好了。兄弟俩决定要去衡山移来童子泉，一路奔波，到衡山脚下时就昏倒了，狂风暴雨发作，风停雨住过后，他俩醒来，只见眼前站着一位手拿柳枝的小童，这就是管“童子泉”的小仙人。小仙人听了他俩的诉说后用柳枝一指，水洒在他俩身上，霎时，兄弟二人变成两只斑斓老虎，小孩跃上虎背。老虎仰天长啸一声，带着“童子泉”直奔杭州而去。老和尚和村民们夜里做了一个梦，梦见大虎、二虎变成两只猛虎，把“童子泉”移到了杭州，天亮就有泉水了。第二天，天空霞光万丈，两只老虎从天而降，猛虎在寺院旁的竹园里，前爪刨地，不一会就刨了一个深坑，突然狂风暴雨大作，雨停后，只见深坑里涌出一股清泉，大家明白了，肯定是大虎和二虎给他们带来的泉水。为了纪念大虎和二虎，他们给泉水起名叫“虎刨泉”，后来为了顺口就叫“虎跑泉”。用虎跑泉泡龙井茶，色香味绝佳，现今的虎跑茶室，就可品尝到这“双绝”佳饮。

技能训练

技能训练一：仪态练习

坐姿：① 挺胸收腹，双肩自然下垂，手放在茶巾上，坐椅子的1/3，进行练习。

② 两人一组进行迎宾问候与行走引路相结合的练习。

技能训练二：操作流程练习

① 进行茶具的摆放练习。

② 按操作前的准备—接待—泡茶演示—泡茶后的服务这一流程进行练习。

技能训练三：泡茶语言练习

要有韵味，节奏与动作配合，口齿清楚，要把茶文化通过语言表达出来。

操作评价

工作能力评价表

内容			评价	
学习目标		评价项目	小组评价（3、2、1）	教师评价（3、2、1）
知识	应知应会	西湖龙井茶的特点		
		西湖龙井茶的分类		
		西湖龙井茶茶具的选择		
		西湖龙井茶的沏泡程序		
专业能力	西湖龙井茶的鉴别	西湖龙井茶的色香味鉴定		
	西湖龙井茶的沏泡	沏泡西湖龙井茶的流程		
	西湖龙井茶的品尝	不同西湖龙井茶的品尝		

续表

内容			评价	
学习目标		评价项目	小组评价 （3、2、1）	教师评价 （3、2、1）
通用能力	语言能力	泡茶语言		
	沟通能力	能正确理解宾客的需要		
	推销能力	推销茶水		
	自我管理能力			
	组织协调能力			
态度	敬业爱岗			

任务二 沏泡碧螺春

碧螺春产于江苏省苏州市太湖洞庭山，因茶树与果树交错种植，枝丫相连，根脉相通，茶吸果香，花窨茶味，形成碧螺春花香果味的天然品质。碧螺春条索纤细，卷曲成螺，满身披毫，银白隐翠，香气浓郁，滋味鲜醇甘厚，汤色碧绿清澈，叶底嫩绿明亮。碧螺春是我国名茶的珍品，素以“形美、色艳、香浓、味醇”四绝闻名中外。

情景描述

一天，一位客人带着她的外国朋友游览完太湖后，来到我们茶馆，想品尝江苏的名茶。我们推荐太湖洞庭山的碧螺春。碧螺春的品质特点是：条索纤细，卷曲成螺，茸毛披覆，银绿隐翠，清香文雅，浓郁甘醇，鲜爽生津，回味绵长。产于太湖洞庭山，太湖水面水气升腾，雾气悠悠，空气湿润，土壤呈微酸性或酸性，质地疏松，极宜于茶树生长。由于茶树与果树间种，所以碧螺春茶叶具有特殊的花朵香味。据记载，碧螺春茶叶早在隋唐时期即负盛名，有千余年历史。传说清康熙皇帝南巡苏州赐名“碧螺春”。碧螺春条索紧结，蜷曲似螺，边沿上一层均匀的细白绒毛。“碧螺飞翠太湖美，新雨吟香云水闲 。”喝一杯碧螺春，仿如品赏传说中的江南美景。

情景分析

碧螺春的品饮冲泡方法十分重要，只有掌握了正确的冲泡方法，才能品尝碧螺春的真味和乐趣。好茶 + 好水 + 正确方法 = 碧螺春茶。

在透明的玻璃杯中倒入开水（宜矿泉水或纯净水），凉至 80℃左右，投入一匙茶叶，瞬时“白云翻滚、雪花飞舞”清香袭人，茶叶一沉到底并迅速绽放，碧绿成朵栩栩如生。品饮时，宜小口慢酌。茶水不宜一饮到底，续水不宜倒满，在品饮时续入适量水，如此，则杯中水常绿、味长浓。

方法与步骤

两位客人听了我们的介绍，决定在此休息品茶，一边静观太湖美景，一边品尝江苏的碧螺春。

碧螺春茶艺

1. 焚香通灵

器具主要有：玻璃杯、茶荷、水方、随手泡、“茶艺”六君子、储茶器、方巾等，图片详见附录 A。

“茶须静品，香能通灵。”泡茶之前，点燃一支檀香驱除妄念，使我们的心境平静下来，用心体悟碧螺春茶中所蕴含的大自然气息，如图 2-2-1 所示。

图 2-2-1 焚香通灵

2. 仙子沐浴

即烫洗茶杯，以表示对宾客的尊重，用玻璃杯泡茶，可以一目了然地观赏到“茶舞”，使人产生美感，既可以得到物质享受又可达到精神上的愉悦，如图 2-2-2 所示。

图 2-2-2 仙子沐浴

3．玉壶含烟

碧螺春要用 80℃左右的开水来冲泡，因此，煮水初沸即可。敞开壶盖，使壶中的开水随着水汽的蒸发而自然降温，如图 2-2-3 所示。

图 2-2-3　玉壶含烟

4．碧螺亮相

即指鉴赏干茶叶。碧螺春茶外形条索纤细，卷曲似螺，满披白毫，银白隐翠，香气浓郁；汤色碧绿清澈，滋味鲜醇甘厚，叶底嫩绿明亮，故有一叶三鲜之称，如图 2-2-4 所示。

图 2-2-4　碧螺亮相

5. 雨涨秋池

即向玻璃杯中注水，约七分左右，留下三分装情意，如图 2-2-5 所示。

图 2-2-5　雨涨秋池

6. 飞雪沉江

碧螺春茶的冲泡需要先注水后投茶，茶叶如雪花纷纷扬扬飘落到杯中，吸收水分后即向下飞舞，非常好看，如图 2-2-6 所示。

图 2-2-6　飞雪沉江

7. 春染碧水

茶叶沉入水中后，杯中的热水溶解了茶中的营养物质，逐渐变成了绿色，汤色碧绿清澈了整个茶杯好像盛满了春天的气息，如图 2-2-7 所示。

图 2-2-7 春染碧水

8. 绿云飘香

碧绿的茶芽，在杯中如绿云翻滚，使得茶香四溢，清香袭人，如图 2-2-8 所示。

图 2-2-8 绿云飘香

9．初尝玉液

品饮碧螺春应趁热连续细品。头一口如尝玉液，茶汤色淡香幽，味道鲜雅，如图 2-2-9 所示。

图 2-2-9　初尝玉液

10．再啜琼浆

二啜感到茶汤更绿，茶香更浓，滋味更醇，并开始感到舌尖回甘，满口生津，如图 2-2-10 所示。

图 2-2-10　再啜琼浆

11．三品醍醐

品第三口茶时，所品到的已不再是茶，而是在品太湖春天的气息，洞庭山盎然的生气，人生的百味，如图 2-2-11 所示。

图 2-2-11　三品醍醐

12．神游三山

慢慢地自斟细品，静心去体会“清风生两腋，飘然几欲仙，神游三山去，何似在人间。”的绝妙感受，如图 2-2-12 所示。

图 2-2-12　神游三山

相关知识

1. 碧螺春的介绍

碧螺春产于江苏省苏州市太湖洞庭山，洞庭分东、西两山，洞庭东山是宛如一个巨舟伸进太湖的半岛，洞庭西山是一个屹立在湖中的岛屿。两山气候温和，年平均气温 15.5 ～ 16.5℃，年降雨量 1 200 ～ 1 500mm，太湖水面，水汽升腾，雾气悠悠，空气湿润，土壤呈微酸性或酸性。加之质地疏松，极宜于茶树生长。

碧螺春属于绿茶类，主产于江苏省苏州市吴中区一带太湖的洞庭山，所以又称“洞庭碧螺春”。碧螺春茶始于明代，俗名“吓煞人香”，到了清代康熙年间，康熙皇帝视察并品尝了这种汤色碧绿、卷曲如螺的名茶，倍加赞赏，但觉得“吓煞人香”其名不雅，于是题名“碧螺春”。从此成为年年进贡的贡茶。

2. 碧螺春的特点

碧螺春的品质特点是：条索纤细、卷曲成螺、满身披毫、银白隐翠、清香淡雅、鲜醇甘厚、回味绵长，其汤色碧绿清澈，叶底嫩绿明亮。有“一嫩（芽叶）三鲜”（色、香、味）之称。当地茶农对碧螺春描述为：“铜丝条，螺旋形，浑身毛，花香果味，鲜爽生津。”

3. 碧螺春茶的作用

碧螺春茶的作用与西湖龙井茶的作用相同，此处不再赘述。

技能训练

技能训练一：仪态练习

坐姿：① 挺胸收腹，双肩自然下垂，手放在茶巾上，坐椅子的 1/3，进行练习。

② 两人一组进行迎宾问候与行走引路相结合的练习。

技能训练二：操作流程练习

① 进行茶具的摆放练习。

② 按操作前的准备—接待—泡茶演示—泡茶后的服务这一流程进行练习。

技能训练三：泡茶语言练习

要有韵味，节奏与动作配合，口齿清楚，要把茶文化通过语言表达出来。

操作评价

工作能力评价表

内容			评价	
学习目标		评价项目	小组评价 （3、2、1）	教师评价 （3、2、1）
知识	应知应会	碧螺春茶的特点		
		碧螺春茶的分类		
		碧螺春茶茶具选择		
		碧螺春茶沏泡程序		

续表

内容			评价	
学习目标		评价项目	小组评价（3、2、1）	教师评价（3、2、1）
专业能力	碧螺春茶的鉴别	碧螺春茶的色香味鉴定		
	碧螺春茶的沏泡	沏泡碧螺春茶的流程		
	碧螺春茶的品尝	不同碧螺春茶的品尝		
通用能力	语言能力	泡茶语言		
	沟通能力	能正确理解宾客的需要		
	推销能力	推销茶水		
	自我管理能力			
	组织协调能力			
态度	敬业爱岗			

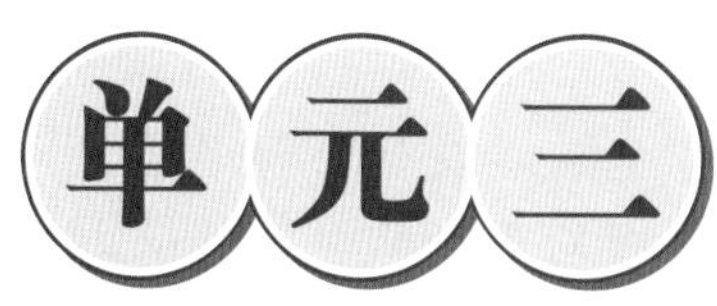

单元三 花茶的沏泡与服务

花茶又称熏花茶、香花茶、香片，为我国独特的一个茶叶品类。由精制茶坯与具有香气的鲜花拌和，通过一定的加工方法，促使茶叶吸附鲜花的芬芳香气而成。花茶的品质特点有外形条索紧结匀整，色泽黄绿尚润；内质香气鲜灵浓郁，具有明显的鲜花香气，汤色浅黄明亮，叶底细嫩匀亮。

能力目标

- 菊花茶的沏泡与服务
- 茉莉花茶的沏泡与服务

任务一 沏泡菊花茶

菊花是我国十大名花之一，全国各地几乎随处可见。菊花的品种多姿多彩，还带有一抹浅淡宜人的馨香，而且功用非凡，是一种药食同源的常见花卉，我国自古就有赏菊、吃菊的习惯，一直绵延了数千年。菊花宴成为一种独具特色的健康饮食。

菊花原产我国，久经栽培，目前品种很多。其中，白菊花可作为饮料，这就是我们生活中常喝的“菊花茶”。有时也在白菊花中加些茶叶，起到调味的作用。

杭白菊亦名小汤黄、小白菊，为浙江桐乡地区的特产。它与安徽的滁菊、亳菊，河南的邓菊，都是国内驰名的茶用菊。杭菊在我国有悠久的栽培历史。“杭白贡菊”一向与“龙井名茶”并提，古时曾作贡品。

情景描述

一天，两位客人游览完桐乡乌镇后，来到我们茶馆，想品尝这里的名茶。桐乡素有“杭白菊之乡”的美誉。其所产杭白菊占全国饮用菊总量的十分之九，产品畅销我国港澳台和东南亚地区，名声远扬，无人不知。桐乡最有名的是白菊，它与安徽的滁菊、亳菊，河南的邓菊，都是中国驰名的茶用菊。杭白菊在中国有悠久的栽培历史。“杭白贡菊”一向与“龙井名茶”并提，古时曾作贡品。说到了这里客人突然有了疑问，“杭白贡菊”不是应该是杭州的吗，怎么会产自桐乡？

情景分析

桐乡产的白菊为何以“杭”字冠之？却鲜为人知。原来“杭白菊”称谓的来历，竟与一则徽帮茶商与南洋老板斗智的传说有关。白菊花成为饮用菊花之佳品，被当时的一位安徽茶商汪裕泰转手销往新加坡等南洋国家。而桐乡本地的菊花经销商是朱金伦，朱金伦通过徽帮茶商汪裕泰的口岸关系，把白菊花出口南洋。

南洋商人梁老板收到徽帮茶商汪裕泰发出的第一批桐乡菊花，仔细验收。一打开甏的封口，菊花的阵阵清香飘逸而出。拿出来一看，一包包白菊方方正正，干干燥燥。只见每个封包上都贴着一张绿色的招贴纸，“蝴蝶牌杭白菊”几个字跃然纸上，下面是一段介绍产品的文字：“杭白菊者，冬苗、春叶、夏蕊、秋花，备受日月之精华，四时之灵气。常饮菊花茶，能散风清热，平肝明目，解毒消炎，耐老延年。”产家落款是“杭州西湖金伦茶菊庄”。有趣的是在落款下面还有一段引人注目的文字：“本庄不惜巨大工本，在西子湖畔购地数千亩，聘请工匠，精心栽培，所产茶菊，非同一般，欲买正宗杭白菊，请认准蝴蝶牌商标。”梁老板一脸惊喜，忙打开封包，撮了几朵菊花，放进茶杯，沏上开水。只见朵朵菊花在水中竞相开放，花瓣层层叠叠，花色洁白晶莹，花香清馨扑鼻。梁老板不禁拍手叫绝：怪不得古人谓之“千叶玉玲珑”！

有这么好的货，还怕打不开销路？杭白菊在南洋的需求量日增，精明的梁老板心里打起了小算盘。既然知道杭白菊产于西子湖畔，何不甩掉汪裕泰这个中间商，直接去杭州找金伦茶菊庄，这样一来，获利不是更丰厚了吗？于是，他带了几个伙计，漂洋过海，来到杭州，四处打听金伦茶菊庄。可寻遍了西子湖畔，竟然丝毫不见杭白菊踪影。无奈之下，只得悻悻而归。

原来，徽帮茶商汪裕泰熟谙商界竞争之道，与南洋梁老板在茶叶生意上曾打过数年交道，知道梁老板是个贪心十足的人，与其交往，必须处处设防。于是就虚晃一枪，把白菊花的产地说成是“杭州西子湖畔”。在当时交通不便、信息不灵的环境下，汪裕泰的“张冠李戴”之计，还确实起了很好的自我保护作用，使梁老板“过河拆桥”的梦想化为泡影。然而，桐乡特产白菊花，却从此冠以“杭”字而扬名海内外。

清香宜人的甘菊适合泡茶饮用，苏杭一带产的白菊更是上选。泡饮菊花茶时，最好用透明的玻璃杯，每次放上四、五粒，再用沸水冲泡 2~3 分钟即可。待水七八成热时，可看到茶水渐渐酿成微黄色。每次喝时，不要一次喝完，要留下 1/3 杯的茶水，再加上新茶水，泡上片刻，而后再喝。

方法与步骤

两位外国客人听了我们的介绍，迫不及待地要求我们的茶艺师给他们进行菊花茶的茶艺表演。

菊花茶茶艺

1．神入茶境

器具主要有玻璃杯、茶荷、水方、随手泡、“茶艺”六君子、储茶器、方巾等，图片详见附录 A。将泡茶的用具准备好，如图 3-1-1 所示。

图 3-1-1　神入茶境

2．温杯

将水注入将用的玻璃杯，一来清洁杯子，二来为杯子增温，如图 3-1-2 所示。

图 3-1-2 温杯

3．鉴赏干茶

鉴赏杭白菊的外形和色泽，如图 3-1-3 所示。

图 3-1-3 鉴赏干茶

4．白龙入宫

将杭白菊投入玻璃杯中，如图 3-1-4 所示。

图 3-1-4 白龙入宫

5．悬壶高冲

高提水壶，让水直泻而下，接着利用手腕的力量，上下提拉注水，反复三次，让茶叶在水中翻动，如图 3-1-5 所示。

图 3-1-5 悬壶高冲

6．静心润茶

采用“回旋斟水法”向杯中注水，温润的目的是浸润茶叶，使干茶吸水舒展，如图 3-1-6 所示。

图 3-1-6 静心润茶

7．闻香

将玻璃杯轻轻托起，放置鼻端闻其幽香，如图 3-1-7 所示。

图 3-1-7 闻香

8. 细品香茗

小口喝入茶汤，使茶汤从舌尖到两侧再到舌根，以辨别茶汤的鲜爽、浓淡与厚薄，还可以体会到茶汤的香气，如图 3-1-8 所示。

图 3-1-8　细品香茗

9. 尽谢宾客

将收回的杯子重新烫洗一遍，以示对各位来宾的谢意，如图 3-1-9 所示。

图 3-1-9　尽谢宾客

相关知识

1．杭白菊介绍

杭白菊一直是浙江桐乡的特产，并不是杭州的，可是为什么叫杭白菊呢？

事情是这样的，清末的时候，桐乡白菊花就出口到国外了，可是中间要经过二级代理商，桐乡当地的一级代理商觉得二级代理商会不会有一天越过他们自己找到农民收购呢？于是在产地上写上“杭州西湖白菊花”，于是杭白菊的名字就传开了。

后来二级代理商果然把一级代理商踢开了，自己来找杭白菊，结果他们跑到杭州来找，当然不可能找到真正的白菊花，但人们已经习惯于把它叫作杭白菊了。

2．杭白菊特点

按浙江传统习惯，“黄菊入药，白菊入茶。”花白菊由多年生草本植物鲜白菊蒸煮晾干而成，经沸水冲泡后，水呈浅绿色，清香四溢。

3．菊花茶的产地和种类

产于浙江桐乡的杭白菊和黄山脚下的黄山贡菊(徽州贡菊)比较有名。产于安徽亳州的亳菊、滁州的滁菊、四川中江的川菊、浙江德清的德菊、河南济源的怀菊花(四大怀药之一)都有很高的药效。特别是黄山贡菊，它生长在高山云雾之中，采黄山之灵气，汲皖南山水之精华，它的无污染性对现代人来说，具有更高的饮用价值。菊花的种类很多，不懂门道的人会选择花朵白且大朵的菊花。其实又小又丑且颜色泛黄的菊花反而是上选。

4．杭白菊作用

杭白菊又称甘菊，是我国传统的栽培药用植物，是浙江省八大名药材“浙八味”之一。经现代医学药理证明：其具有止痢、消炎、明目、降压、降脂、强身的作用。可用于治疗湿热黄疸、胃痛食少、水肿尿少等症。以菊汤沐浴，有去痒爽身、护肤美容的功效。

技能训练

技能训练一：仪态练习

坐姿：① 挺胸收腹，双肩自然下垂，手放在茶巾上，坐椅子的1/3，进行练习。

② 两人一组进行迎宾问候与行走引路相结合的练习。

技能训练二：操作流程练习

① 进行茶具的摆放练习。

② 按操作前的准备—接待—泡茶演示—泡茶后的服务这一流程进行练习。

技能训练三：泡茶语言练习

要有韵味，节奏与动作配合，口齿清楚，要把茶文化通过语言表达出来。

操作评价

工作能力评价表

内容			评价	
学习目标		评价项目	小组评价 (3、2、1)	教师评价 (3、2、1)
知识	应知应会	菊花茶的特点		
		菊花茶的分类		
		菊花茶茶具的选择		
		菊花茶的沏泡程序		
专业能力	菊花茶的鉴别	菊花茶的色香味鉴定		
	菊花茶的沏泡	沏泡菊花茶的流程		
	菊花茶的品尝	不同菊花茶的品尝		
通用能力	语言能力	泡茶语言		
	沟通能力	能正确理解宾客的需要		
	推销能力	推销茶水		
	自我管理能力			
	组织协调能力			
态度	敬业爱岗			

任务二 沏泡茉莉花茶

茉莉花茶原产于福建，历史悠久，它是用茶叶和含苞待放的茉莉花苞熏制而成。因为在制作过程中茶叶吸收茉莉花的香味，让茶叶融入了花的芬芳，使得茉莉花茶更具诗情画意。茉莉花茶既能保持浓郁爽口的茶味又融入了芬芳的花香，这正应了一句话："茶引花香，花增茶香，融为一体，相得益彰。"

情景描述

一天，两位外国客人游览完南京后，来到我们茶馆，想品尝这里的名茶。江苏最有名的茶除了碧螺春外，还有茉莉花茶，由于他们此前已经品尝过碧螺春，因此，我们推荐茉莉花茶。

情景分析

泡饮花茶，首先欣赏花茶的外观形态，取泡一杯的茶量，放在洁净无味的白纸上，干嗅花茶香气，察看茶胚的质量（烘青、炒青、晒青及嫩度、产地等），取得花茶质量的初步印象。

泡饮中档花茶，不强调观赏茶胚形态，可用洁白瓷器盖杯，冲泡 100℃沸水后盖上杯盖，5 分钟后闻香气，品茶味。此类花茶香气芬芳，茶味醇正，三开有茶味，耐冲泡。泡饮中低档花茶，或花茶末，北方叫"高末"，一般采用白瓷茶壶，因壶中水多，保温较杯好，有利于充分泡出茶味。视茶壶大小和饮茶人数、口味浓淡，取适量茶叶入壶，用 100℃初沸水冲入壶中，

加壶盖，待 5 分钟，即可酌入茶杯饮用。这种共泡分饮法，一则方便、卫生，二则家人团聚，或三五亲朋相叙，围坐品茶，互谈家常，较为融洽，增添团结友爱、和睦融洽的气氛。

方法与步骤

两位外国客人喝完碧螺春茶时竖起大拇指连声 OK 的情景历历在目，听到江苏还有有名的茉莉花茶，于是决定品尝茉莉花茶。

茉莉花茶的冲泡

1．烫杯

器具主要有：盖碗、茶荷、水方、随手泡、“茶艺”六君子、储茶器、方巾等，图片详见附录 A。

烫杯即烫洗盖碗，一为清洁，二为提高盖碗的温度。这样冲泡出来的花茶才能茶汤适口，香气怡人，如图 3-2-1 所示。

图 3-2-1　烫杯

2．赏茶

即观赏花茶的外形，闻花茶的香气，察看茶坯的质量，如图 3-2-2 所示。

图 3-2-2　赏茶

3. 投茶

根据盖碗的大小来选择投茶量。一般情况下，按照3g/人来投茶比较合适，如图3-2-3所示。

图3-2-3　投茶

4. 润茶

冲泡花茶宜用90℃左右的开水，首先冲入盖碗容积1/4的热水来润茶，如图3-2-4所示。

图3-2-4　润茶

5．泡茶

采用凤凰三点头的手法冲水，使杯中花茶随水浪上下翻滚，顷刻间香气缥缈，如图 3-2-5 所示。

图 3-2-5　泡茶

6．闷茶

茶人认为茶是“天涵之，地载之，人育之”的灵物，闷茶的过程象征着天、地、人共同化育茶的精神，如图 3-2-6 所示。

图 3-2-6　闷茶

7．敬茶

双手将泡好的茶依次敬给宾客，称之为“一盏香茗奉知己”，如图 3-2-7 所示。

图 3-2-7　敬茶

8．闻香

揭开杯盖，即可闻到浓醇的香气，顿觉芳香扑鼻，真可谓“未尝甘露味，先闻胜妙香。”如图 3-2-8 所示。

图 3-2-8　闻香

9．品茶

小口喝入茶汤，细细品味，茶汤滋味醇厚鲜爽，不苦不涩，才深觉“香片”二字将花茶之韵说透了，如图 3-2-9 所示。

图 3-2-9　品茶

10．回味

“啜苦可励志，咽甘思报国。”无论是苦涩甘鲜，还是平和醇厚，从一杯茶中，品茶人都会有良多感悟和联想，所以品茶重在回味，如图 3-2-10 所示。

图 3-2-10　回味

相关知识

1. 茉莉花茶介绍

茉莉花茶主要产于广西横县、福建福州和江苏苏州。它是采用干燥的茶叶（茶坯）与含苞待放的茉莉鲜花混合窨制而成。特种茉莉花茶采用名茶做茶坯，鲜花则选用上等的优质茉莉，具有代表性的品种为茉莉大白毫、天山银毫和茉莉苏萌毫，它们或香气鲜浓，或香气鲜灵浓厚，或香气鲜灵持久。

2. 茉莉花茶特点

茉莉花茶兼有绿茶和茉莉花的香味，制作时将采摘来的大批含苞欲放的鲜花，堆放于清洁场所，入晚待花半开呈虎爪形，吐香正浓时，将其掺入绿茶中窨制，待鲜花萎缩时除去花朵，烘干茶胚，再用鲜花复窨，如此再三而成。

3. 茉莉花茶分类

花茶是我国特有的香型茶，是一种再加工茶叶。其可分为：茉莉花茶、玉兰花茶、珠兰花茶、栀子花茶、玳玳花茶、桂花茶等。

福建茉莉花茶是以烘青绿茶、玉兰鲜花打底，配以茉莉鲜花，按配花量、窨次，加工生产的。

江苏茉莉花茶产于江苏苏州、南京、扬州等地。一级以上有茉莉茗眉、茉莉奇峰、茉莉云翠、茉莉毫茶、茉莉苏萌毫等特种花茶。

4. 茉莉花的作用及功效

茉莉花性寒，味香淡，消胀气，味辛、甘，性温，有理气止痛、温中和胃、消肿解毒、强化免疫系统的功效，并对痢疾、腹痛、结膜炎及疮毒等具有很好的消炎解毒的作用；有清肝明目、生津止渴、祛痰治痢、通便利水、祛风解表、疗瘘、坚齿、益气力、降血压、强心、防龋、防辐射损伤、抗癌、抗衰老之功效，使人延年益寿、身心健康；有理气安神、润肤香肌之功效，其香气怡人，它对于便秘也有帮助，使排便顺畅，可改善昏睡及焦虑现象，对慢性胃病、经期失调也有功效，还可抗菌、平喘、抗癌、舒筋活血、祛风散寒、振脾健胃、强心益肝、降低血压、补肾壮精，有慢性支气管炎的人宜多饮用。茉莉花与粉红玫瑰花搭配冲泡饮用有瘦身的效果，特别有助于排出体内毒素。外用润燥香肌，美发美容。茉莉花常被用来当作香水的基调，欧美人士常以茉莉花油和杏仁油来按摩身体。

相关知识链接

茉莉花茶的传说

很早以前，北京有一位茶商名叫陈古秋。一天，他正在与一位品茶大师一起研究北方人喜欢喝什么茶时，忽然想起有位南方姑娘曾送给他一包茶叶，但至今尚未品尝过，便寻出请大师品尝。冲泡时碗盖一打开，先是异香扑鼻，接着在冉冉升起的热气中，看见一位美貌的姑娘，两手捧着一束茉莉花，一会儿工夫又变成了一团

相关知识链接

热气。陈古秋大惑不解，就问大师其中缘故，大师说：这茶乃茶中绝品“报恩茶”。这话提醒了陈古秋，于是他想起三年前曾去南方购茶，夜晚住宿客店，遇见一位孤苦伶仃的少女，泣说因无钱家中尚停放着父亲尸体而无法安葬。陈古秋深为同情，便取出身上银两给少女。三年过去，今春又去南方，客店老板转交给他一小包茶叶，说是三年前一位少女嘱他转交的。当时未冲泡，谁料竟是珍品。“但她为什么独独捧着茉莉花呢？”为破此不解，两人又重复冲泡了一遍，那手捧茉莉花的姑娘又再次出现。陈古秋一边品茶，一边悟道：“依我之见，这乃是茶仙提示——茉莉花可以入茶。”于是次年，陈古秋便将茉莉花加到茶中，谁知竟深受垂青。从此，便有了这种新茶品——茉莉花茶。

技能训练

技能训练一：仪态练习

坐姿：① 挺胸收腹，双肩自然下垂，手放在茶巾上，坐椅子的1/3，进行练习。

② 两人一组进行迎宾问候与行走引路相结合的练习。

技能训练二：操作流程练习

① 进行茶具的摆放练习。

② 按操作前的准备—接待—泡茶演示—泡茶后的服务这一流程进行练习。

技能训练三：泡茶语言练习

要有韵味，节奏与动作配合，口齿清楚，要把茶文化通过语言表达出来。

操作评价

工作能力评价表

内容			评价	
学习目标		评价项目	小组评价（3、2、1）	教师评价（3、2、1）
知识	应知应会	茉莉花茶的特点		
		茉莉花茶的分类		
		茉莉花茶茶具选择		
		茉莉花茶沏泡程序		
专业能力	茉莉花茶的鉴别	茉莉花茶的色香味鉴定		
	茉莉花茶的沏泡	沏泡茉莉花茶的流程		
	茉莉花茶的品尝	不同茉莉花茶的品尝		
通用能力	语言能力	泡茶语言		
	沟通能力	能正确理解宾客的需要		
	推销能力	推销茶水		
	自我管理能力			
	组织协调能力			
态度	敬业爱岗			

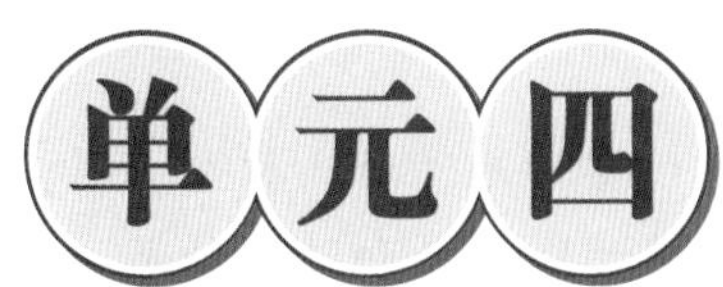

红茶的沏泡与服务

红茶，以适宜制作本品的茶树新芽叶为原料，经萎调、揉捻(切)、发酵、干燥等典型工艺过程精制而成。因其干茶色泽和冲泡的茶汤以红色为主调，故名。其品质特征有红汤红叶，属发酵茶类。

能力目标

- 具备红茶茶叶的鉴别能力
- 掌握红茶沏泡的操作流程
- 掌握红茶沏泡过程中的不同手法
- 掌握红茶茶艺服务解说词

任　务　沏泡红茶

红茶是在绿茶的基础上经发酵创制而成的。以适宜的茶树新芽叶为原料，经过萎凋、揉捻（切）、发酵、干燥等典型工艺过程精制而成。因其干茶色泽和冲泡的茶汤以红色为主调，故名红茶。

情景描述

一天，两位客人在安徽黄山参观结束，来到我们茶馆喝下午茶，他们品尝过了杭州的西湖龙井茶、台湾冻顶乌龙茶，他们喝惯了英式红茶，知道在中国有一种红茶非常有名，叫“祁门红茶”。所以特意找到了祁门红茶的原产地——中国安徽省祁门县来品一品这“祁门香”。祁红，是祁门红茶的简称。为工夫红茶中的珍品，一九一五年曾在巴拿马国际博览会上荣获金牌，创制一百多年来，一直保持着优异的品质风格，蜚声中外。祁红生产条件极为优越，真是天时、地利、人勤、种良，得天独厚，所以祁门一带大都以茶为业，上下千年，始终不败。祁红工夫一直保持着很高的声誉，芬芳常在。

情景分析

茶叶外形条索紧细苗秀，显毫，色泽乌润；茶叶香气清香持久，似果香又似兰花香，国际茶市上把这种香气专门叫做"祁门香"；茶叶汤色和叶底颜色红艳明亮，口感鲜醇酣厚，即便与牛奶和糖调饮，其香不仅不减，反而更加馥郁。

茶叶外形条索紧细苗秀，显毫，色泽乌润；茶叶香气清香持久，似果香又似兰花香，国际茶市上把这种香气专门叫做“祁门香”；茶叶汤色和叶底颜色红艳明亮，口感鲜醇酣厚，即便与牛奶和糖调饮，其香不仅不减，反而更加馥郁。

早在1915年的巴拿马—太平洋国际博览会上，“祁门红茶”曾获得了特等奖和金牌。所以，美国韦氏大辞典中收录“祁门红茶”这一词组。“祁门香”香飘五洲，主要出口英国、荷兰、德国、日本、俄罗斯等几十个国家和地区，多年来一直是我国的国事礼茶。

方法与步骤

两位外国客人对中国的祁红茶早有略闻，听了服务员的介绍后，决定一饱口福。

祁红的冲泡

1. 准备茶具

器具主要有：玻璃壶、玻璃杯、茶荷、水方、随手泡、“茶艺”六君子、储茶器、方巾等，图片详见附录A。

茶具准备如图4-1-1所示。

图 4-1-1　准备茶具

2. 宝光初现

祁门工夫红茶条索紧秀，锋苗好，色泽并非人们常说的红色，而是乌黑润泽。国际通用红茶的名称为“Black tea”，即因红茶干茶的乌黑色泽而来。请来宾欣赏其色被称之为“宝光”的祁门工夫红茶，如图 4-1-2 所示。

图 4-1-2　宝光初现

3. 温热壶盏

将初沸之水注入瓷壶及杯中，为壶、杯升温，如图 4-1-3 所示。

图 4-1-3　温热壶盏

4．王子入宫

用茶匙将茶荷或赏茶盘中的红茶轻轻拨入壶中。祁门工夫红茶也被誉为“王子茶”，如图 4-1-4 所示。

图 4-1-4　王子入宫

5．悬壶高冲

这是冲泡红茶的关键。冲泡红茶的水温要在 100℃，刚才初沸的水，此时已是“蟹眼已过鱼眼生”，正好用于冲泡。而高冲可以让茶叶在水的激荡下，充分浸润，以利于色、香、味的充分发挥，如图 4-1-5 所示。

图 4-1-5　悬壶高冲

6．分杯

用循环斟茶法，将壶中之茶均匀的分入每一杯中，使杯中之茶的色、味一致，如图 4-1-6 所示。

图 4-1-6　分杯

7．敬茶

恭敬地将汤色澄亮的一杯红茶敬奉给客人，如图 4-1-7 所示。

图 4-1-7　敬茶

8．鉴赏汤色

红茶的红色，表现在冲泡好的茶汤中。祁门工夫红茶的汤色红艳，杯沿有一道明显的“金圈”。茶汤的明亮度和颜色，表明红茶的发酵程度和茶汤的鲜爽度。再观叶底，嫩软红亮，如图 4-1-8 所示。

图 4-1-8　鉴赏汤色

9. 品味鲜爽

闻香观色后即可缓啜品饮。祁门工夫红茶以鲜爽、浓醇为主，与红碎茶浓强的刺激性口感有所不同。滋味醇厚，回味绵长，如图 4-1-9 所示。

图 4-1-9 品味鲜爽

相关知识

1. 红茶介绍

红茶是在绿茶的基础上经发酵创制而成的。以适宜的茶树新芽叶为原料，经过萎凋、揉捻(切)、发酵、干燥等典型工艺过程精制而成。因其干茶色泽和冲泡的茶汤以红色为主调，故名红茶。

红茶创制时称为“乌茶”。红茶在加工过程中发生了以茶多酚酶促氧化为中心的化学反应，鲜叶中的化学成分变化较大，茶多酚减少 90% 以上，产生了茶黄素、茶红素等新成分。香气物质比鲜叶明显增加。所以红茶具有红茶、红汤、红叶和香甜味醇的特征。

2. 红茶特点

茶叶外形条索紧细，苗秀显毫，色泽乌润；茶叶香气清香持久，似果香又似兰花香，国际茶市上把这种香气专门叫做“祁门香”；汤色红艳透明，叶底鲜红明亮，滋味醇厚，回味隽永。

3. 红茶分类

我国红茶品种主要有：祁红（产于安徽祁门、至德及江西浮梁等地）；滇红（产于云南佛海、顺宁等地）；霍红（产于安徽六安、霍山等地）；苏红（产于江苏宜兴）；越红（产于湖南安化、新化、桃源等地）；川红（产于四川宜宾、高县等地）；吴红（产于广东英德等地）。其中尤以祁门红茶最为著名。

4．红茶的作用

① 助胃肠消化、促进食欲。

② 可利尿、消除水肿。

③ 强壮心脏功能，降低血糖值与高血压。

④ 预防蛀牙与食物中毒。

相关知识链接

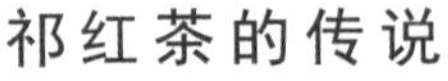

祁红茶的传说

1875年，安徽黟县有个名叫余干臣的人，在福建罢官回原籍经商，因见了红茶畅销多利，便在至德县尧渡街设立红茶庄，仿“闽红茶”制法，开始试制红茶。

1876年，余氏又先后在祁门西路镇、闪里设红茶分庄，扩大经营。由于祁门一带自然条件优越，所制红茶品质超群出众，因此，产地不断扩大，产量不断提高，声誉越来越高，在国际红茶市场上引起了茶商的极大注意，日本人称其为玫瑰，英国商人称之“祁门”。

高档祁红外形条索紧细苗秀，色泽乌润，冲泡后茶汤红浓，香气清新芬芳、馥郁持久，有明显的甜香，有时带有玫瑰花香。

祁红这种特有的香味，被国外不少消费者称之为“祁门香”。祁红在国际市场上被称之为“高档红茶”，特别是在英国伦敦市场上，祁红被列为茶中“英豪”，每当祁红新茶上市，人人争相竞购，他们认为“在中国的茶香里，发现了春天的芬”。

祁红茶宜于清饮，但也适于加奶加糖调和饮用。祁红在英国受到了皇家贵族的宠爱，赞美祁红是“群芳之最”。

技能训练

技能训练一：仪态练习

坐姿：① 挺胸收腹，双肩自然下垂，手放在茶巾上，坐椅子的1/3，进行练习；

② 两人一组进行迎宾问候与行走引路相结合的练习。

技能训练二：操作流程练习

① 进行茶具的摆放练习；

② 按操作前的准备—接待—泡茶演示—泡茶后的服务这一流程的练习。

技能训练三：泡茶语言练习

要有韵味，节奏与动作配合，口齿清楚，要把几千年的茶文化通过语言表达出来。

操作评价

工作能力评价表

内容			评价	
学习目标		评价项目	小组评价（3、2、1）	教师评价（3、2、1）
知识	应知应会	红茶的特点		
		红茶的分类		
		红茶茶具选择		
		红茶沏泡程序		
专业能力	红茶的鉴别	红茶的色香味鉴定		
	红茶的沏泡	沏泡红茶的流程		
	红茶的品尝	不同红茶的品尝		
通用能力	语言能力	泡茶语言		
	沟通能力	能正确理解宾客的需要		
	推销能力	推销茶水		
	自我管理能力			
	组织协调能力			
态度	敬业爱岗			

读书笔记

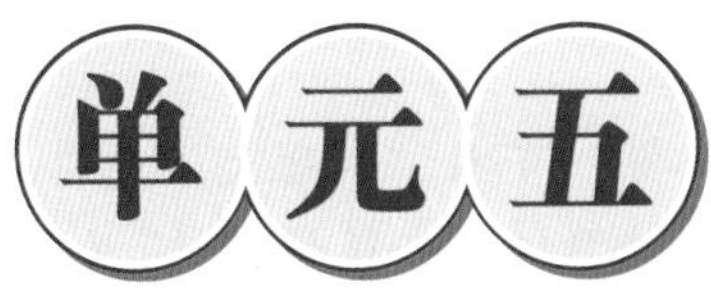

单元五 黄茶的沏泡与服务

黄茶是我国特产，如蒙顶黄芽、君山银针、平阳黄汤等均属黄小茶；而安徽霍山、湖北英山所产的一些黄茶则为黄大茶。黄茶汤色最明显的特点是茶汤是纯黄色，汤面没有或很少夹混绿色环，黄汤的茶名也是由此得来。

能力目标

- 具备黄茶茶叶的鉴别能力
- 掌握黄茶沏泡的操作流程
- 掌握黄茶沏泡过程中的不同手法
- 掌握黄茶茶艺服务解说词

任　务　沏泡君山银针

君山银针产于湖南岳阳洞庭湖中的君山。其成品茶芽头茁壮，长短大小均匀，茶芽内面呈金黄色，外层白毫显露完整，而且包裹坚实，茶芽外形很像一根根银针，故得其名。

情景描述

一天，两位客人游览完洞庭湖后，来到我们茶馆，想要品尝当地的名茶，洞庭湖最有名的是君山银针，因此，我们推荐了君山银针。此茶产于湖南岳阳洞庭湖中的君山，形细如针，故名君山银针，属于黄茶。其成品茶芽头茁壮，长短大小均匀，茶芽内面呈金黄色，外层白毫显露完整，而且包裹坚实，茶芽外形很像一根根银针，雅称"金镶玉"。"金镶玉色尘心去，川迥洞庭好月来。"君山茶历史悠久，唐代就已生产、出名。据说文成公主出嫁时就选带了君山银针茶带入西藏。

情景分析

此茶特点是全由芽头制成，茶身满布毫毛，色泽鲜亮。香气高爽，汤色橙黄，滋味甘醇，虽久置而其味不变。冲泡时可从明亮的杏黄色茶汤中看到根根银针直立向上，几番飞舞之后，团聚一起立于杯底。其采制要求很高，比如采摘茶叶的时间只能在清明节前后 7-10 天内，还规定了 9 种情况下不能采摘，即雨天、风霜天、虫伤、细瘦、弯曲、空心、茶芽开口、茶芽发紫、不合尺寸等。

君山银针茶香气清高，味醇甘爽，汤黄澄高，芽壮多毫，条真匀齐，着淡黄色茸毫。冲泡后，芽竖悬汤中冲升水面，徐徐下沉，再升再沉，三起三落，蔚成趣观。

方法与步骤

两位外国客人喝遍了中国的许多名茶，唯独没有喝过君山银针茶，于是他们决定一品为快。

君山银针茶的沏泡

1．焚香——焚香静气可通灵

器具主要有：玻璃杯、茶荷、水方、随手泡、"茶艺"六君子、储茶器、方巾等，图片详见附录 A。

我们称焚香为"焚香静气可通灵"。"茶须静品，香可通灵。"品饮像君山银针这样文化沉积厚重的茶，更需要我们静下心来，才能从茶中品味出中华民族的传统精神，如图 5-1-1 所示。

2．涤器——涤尽凡尘心自清

我们称涤器为"涤尽凡尘心自清"。品茶的过程是茶人洗涤自己心灵的过程，烹茶涤器，不仅是洗净茶具上的尘垢，更重要的是在洗涤茶人的灵魂，如图 5-1-2 所示。

图 5-1-1 焚香

图 5-1-2 涤器

3．鉴茶——娥皇女英展仙姿

我们称鉴茶为“娥皇女英展仙姿”。品茶之前，首先要鉴赏干茶的外形、色泽和气味。相传四千多年前舜帝南巡，不幸驾崩于九嶷山下，他的两个爱妃娥皇和女英前来奔丧，在君山望着烟波浩渺的洞庭湖放声痛哭，她们的泪水洒到竹子上，使竹竿染上永不消退的斑斑泪痕，成为湘妃竹。她们的泪水滴到君山的土地上，君山上便长出了象征忠贞爱情的植物——茶树。茶是娥皇、女英的真情化育出的灵物，请各位传看“君山银针”，一睹娥皇女英的仙姿，如图 5-1-3 所示。

图 5-1-3　鉴茶

4．投茶——帝子投湖千古情

我们称投茶为“帝子投湖千古情”。娥皇、女英是尧帝的女儿，所以也称之为“帝子”。她们奔夫丧时乘船到洞庭湖，船被风浪打翻而沉入水中。她们对舜帝的真情，被世人传诵千古，如图 5-1-4 所示。

图 5-1-4　投茶

5．润茶——洞庭波涌连天雪

我们称润茶为“洞庭波涌连天雪”。这道程序是洗茶、润茶。洞庭湖一带的老百姓把湖中不起白花的浪称之为“波”，把起白花的浪称之为“涌”。在洗茶时，通过悬壶高冲，玻璃杯中会泛起一层白色泡沫，所以形象地称为“洞庭波涌连天雪”。冲茶后，应尽快将杯中的水倒进水方，如图 5-1-5 所示。

图 5-1-5　润茶

6．冲水——碧涛再撼岳阳城

这是第二次冲水，所以我们称之为“碧涛再撼岳阳城”。这次冲水只需冲到七分满，如图 5-1-6 所示。

图 5-1-6　冲水

7．闻香——楚云香染楚王梦

我们称闻香为“楚云香染楚王梦”。通过洗茶和温润之后，再冲入开水，君山银针的茶香即随着热气而散发。洞庭湖古属楚国，杯中的水汽伴着茶香氤氲上升，如香云缭绕，故称楚云。“楚王梦”是套用楚王“巫山梦神女，朝为云，暮为雨”的典故，形容茶香如梦亦幻，时而清幽淡雅，时而浓郁醉人，如图 5-1-7 所示。

图 5-1-7　闻香

8．赏茶——湘水浓溶湘女情

也称“舞茶”，这是冲泡君山银针的特色程序。君山银针的茶芽在热水的浸泡下慢慢舒展开来，芽尖朝上，蒂头下垂，在水中忽升忽降，时浮时沉，经过“三浮三沉”后，最后竖立于杯底，随波晃动，像是娥皇、女英落水后苏醒过来，在水下舞蹈，如图 5-1-8 所示。

图 5-1-8　赏茶

9．品茶——人生三味一杯里

我们称品茶为“人生三味一杯里”。品君山银针，要在一杯茶中品出三种味来。即从第一道茶中品出湘君的清泪之味；从第二道茶中品出柳毅为小龙女传书之后，在碧云宫中尝到的甘露之味；从第三道茶中品出君山银针这潇湘灵物所携带的大自然的无穷妙味，如图 5-1-9 所示。

图 5-1-9　品茶

10．谢茶——品罢寸心逐白云

我们称谢茶为“品罢寸心逐白云”。这是精神上的升华，也是我们茶人的追求。品了三道茶之后，是像吕洞宾一样“明心见性，浪游世外我为真”，还是像清代巴陵邑宰陈大纲一样“四面湖山归眼底，万家忧乐到心头。”我相信各位嘉宾心中自有感悟，谢谢大家的光临，欢迎下次再来品茗！如图 5-1-10 所示。

图 5-1-10　谢茶

相关知识

1．黄茶的介绍

君山银针是我国著名黄茶之一，也是传统十大名茶之一。君山银针茶，始于唐代，清代纳入贡茶。君山，为湖南岳阳县太湖中的岛屿。岛上土壤肥沃，多为砂质土壤，年平均温度

16～17℃，年降雨量为1 340mm左右，相对湿度较大。春夏季湖水蒸发，云雾弥漫，岛上树木丛生，自然环境适宜茶树生长，山地遍布茶园。

君山银针茶于清明前三四天开采，以春茶首轮嫩芽制作，且需选择肥壮、多毫、长25～30mm的嫩芽，经拣选后，以大小匀齐的壮芽制作银针。制作工序分杀青、摊凉、初烘、复摊凉、初包、复烘、再包、焙干8道工序。

2．黄茶的特点

黄茶属轻微发酵茶类。品质特征为"黄叶黄汤"。其品质的形成是制茶过程中闷堆沤黄的结果。黄茶，是介于绿茶与黑茶之间的过渡性茶类，泡出的茶水，汤色黄亮，滋味轻清，鲜醇回甘。

3．黄茶的分类

按原料芽叶嫩度和大小分类。

（1）黄芽茶

原料细嫩、采摘单芽或一芽一叶加工而成，主要有湖南岳阳"君山银针"、四川雅安的"蒙顶黄芽"和安徽霍山的"霍山黄芽"。

（2）黄小茶

采摘细嫩芽叶加工而成，主要有湖南岳阳的"北港毛尖"、湖南宁乡的"沩山毛尖"、湖北远安的"鹿苑毛尖"和浙江平阳的"平阳黄汤"。

（3）黄大茶

采摘一芽二三叶甚至一芽四五叶为原料制作而成，主要有安徽霍山的"霍山黄大茶"和广东韶关、肇庆、湛江等地的"广东大叶青"。

4．黄茶的作用

黄茶是沤茶，在沤的过程中，会产生大量的消化酶，对脾胃最有好处，消化不良，食欲不振、懒动肥胖，都可饮而化之。黄茶中富含茶多酚、氨基酸、可溶糖、维生素等丰富营养物质，对防治食道癌有明显功效。此外，黄茶鲜叶中天然物质大量保留，而这些物质对防癌、抗癌、杀菌、消炎均有特殊效果。

相关知识链接

黄茶的传说

湖南省洞庭湖的君山出产银针名茶，据说君山茶的第一颗种子还是四千多年前娥皇、女英播下的。后唐的第二个皇帝明宗李嗣源，第一回上朝的时候，侍臣为他捧杯沏茶，开水向杯里一倒，马上看到一团白雾腾空而起，慢慢地出现了一只白鹤。这只白鹤对明宗点了三下头，便朝蓝天翩翩飞去了。再往杯子里看，杯中的茶叶都齐崭崭地悬空竖了起来，就像一群破土而出的春笋。过了一会儿，又

相关知识链接

慢慢下沉，就像是雪花坠落一般。明宗感到很奇怪，就问侍臣是什么原因。侍臣回答说“这是君山的白鹤泉（即柳毅井）水，泡黄翎毛（即银针茶）缘故。”明宗心里十分高兴，立即下旨把君山银针定为“贡茶”。君山银针冲泡时，棵棵茶芽立悬于杯中，十分美观。

技能训练

技能训练一：仪态练习

坐姿：① 挺胸收腹，双肩自然下垂，手放在茶巾上，坐椅子的1/3，进行练习。

② 两人一组进行迎宾问候与行走引路相结合的练习。

技能训练二：操作流程练习

① 进行茶具的摆放练习。

② 按操作前的准备—接待—泡茶演示—泡茶后的服务这一流程进行练习。

技能训练三：泡茶语言练习

要有韵味，节奏与动作配合，口齿清楚，要把茶文化通过语言表达出来。

操作评价

工作能力评价表

内　容			评　价	
学习目标		评价项目	小组评价（3、2、1）	教师评价（3、2、1）
知识	应知应会	黄茶的特点		
		黄茶的分类		
		黄茶茶具的选择		
		黄茶的沏泡的程序		
专业能力	黄茶的鉴别	黄茶的色香味鉴定		
	黄茶的沏泡	沏泡黄茶的流程		
	黄茶的品尝	不同黄茶的品尝		
通用能力	语言能力	泡茶语言		
	沟通能力	能正确理解宾客的需要		
	推销能力	推销茶水		
	自我管理能力			
	组织协调能力			
态度	敬业爱岗			

读书笔记

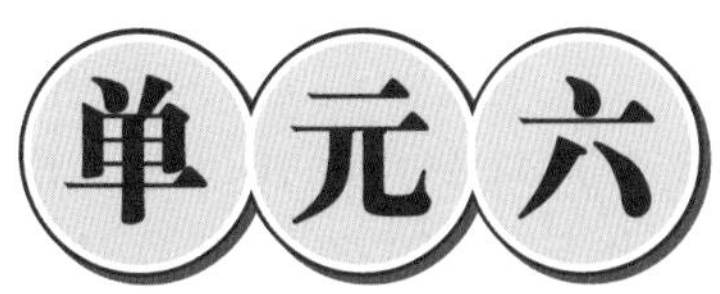

单元六

茶艺创业

“全球数字化风云人物”，中国搜狐公司总裁张朝阳说：“这个时代给了我们这一代人前所未有的机会。我们要抓住这个机会，要有梦想。但是，这个梦想要从做开始”。

在不少人的眼里，茶馆就是喝茶聊天的休闲场所。但就是这么一个场所，正在成为一个庞大的新市场。目前，全国各类茶馆市场潜在规模高达上千亿元。据统计，全国茶馆、茶坊近10万家，从业人员近百万，年营业额达200亿元。近年来，民俗文化表演、茶餐等多元化的经营方式，使得不少地区茶馆的利润率达到30%以上。同时，由于投资门槛并不高，少的投资10多万元就可以，而且我国人均茶叶消费量并不高，因此，茶馆投资潜力巨大。

能力目标

- 发现商机
- 茶艺馆的选址
- 制订营销策略
- 制订创业计划
- 注册登记

任务一 发现商机

马克·吐温说过："我极少能看到机会，往往在我看到机会的时候，它已经不是机会了。"商机既是生意同时又是一个难得的机会，是大多数都没有看到，只有少数人先看到的生意，如果人人都看到了就已经不是商机了，所以人们深有体会地称商机就是赚钱的门道，是创造财富的机缘。创业非一时冲动之举，无论个人的创业愿望多么强烈，都应把发现商机（获取、识别、把握有价值的机会）作为创业的起点，理性创业。

想成为成功的创业者，要掌握发现商机的规律与技巧，具备发现商机的特殊禀赋，并依靠较强的获取、识别、捕捉商机能力实现创业理想。

情景描述

某职业学校实习生王玲做茶艺服务工作，服务中虚心求教、潜心研究，很快就胜任了她所喜爱的茶艺工作。三年过去了，王玲茶艺技艺精湛，成为茶艺馆名副其实的茶艺师。一次聚会，王玲表演了几种茶艺，令人惊奇。她所介绍的茶艺知识让人非常感兴趣，朋友们一致认为茶艺创业项目很有价值。渴望创业的王玲能否受到启发，发现茶艺创业的商机？

情景分析

发现商机，有两种能力不可或缺，一是优先获取别人难以接触到的有价值信息的能力；二是具备较强的识别、把握商机的能力。而从发现商机的过程看，一般要经过"信息获取""商机识别""商机把握"三个步骤。

1. 信息获取

创业者通常用以下方式获取信息。

①工作或生活中获取信息。通过创业者个体的工作或生活圈子，比其他人更易于获取茶艺创业机会的信息，优先获取别人难以接触到的有价值信息。

② 社会关系网获取信息。创业者拥有强有力的社会关系，通常能够获取他人难以获取的信息。

③ 创业者用较强的敏锐与洞察力获取信息。由于创业者对信息的敏锐把握和解读能力，使其获取别人看到了却没有引起注意，或注意到了却没有引起触动的信息。

2. 商机识别

创业者通常用以下方式或组合方式进行商机识别。

① 经验识别。创业者自身有实践经验，能够更容易识别茶艺行业的商机。

② 借助社会关系网识别。创业者借助社会关系网识别商机，要注意听取不同的声音。

③ 获取全新的见解，将有助于解决自己的问题。具体方法是通过对市场认同、财务分析、项目优势、竞争优势、团队优势、项目缺陷、创业认同、创业促进等方面，进行个人经验识别和借助社会关系网识别，评估茶艺创业商机价值，如有缺欠，能否改进、如何改进，决定该项目能否成为商机。

3．商机把握

（1）面对商机的自我评估

如果缺乏必备条件和因素，即使商机价值再大，盲目创业也会付出血本无归的代价。应该从个人经验、社会关系网、经济状况三个方面进行评估。创业是一件具有高度风险的活动，没有一个创业机会是完美的，也没有任何创业者是在把握完全适合自己的条件下开展创业活动的，因此在评价创业机会之后是否决定投入创业，仍然是一个比较主观的决策。

（2）创业能力的自我评价

准确地完成“创业能力的自我评估”，要客观地进行个人创业动机、创业信念与意志、创业知识、创业技能与经验、经营项目的专业水准、公共关系能力等主要内容评估，决定发现的商机能否为我所用。

相关知识

1．发现商机的策略

（1）从变化中发现商机

产业结构的变化；科技进步；经济信息化、服务化；价值观与生活形态两变化；人口结构的变化等，这些环境的变化，会给各行各业带来发展的良机。创业者通过各种信息渠道，关注变化的规律、趋势和事态，就一定能够发现变化带来的商机。

（2）问题中蕴含着商机

当别人遇到问题，迫切需要解决的时候，如果能够提供解决办法，则这种能够满足他人需求的办法就成为了商机。

（3）从竞争中发现商机

同样的产品或服务，能够比别的企业做得更快、更便宜、质量更高，那么就已经从竞争中发现了商机。

2．商机的特征

商机一般具有以下几方面的特征。

① 有吸引力。需要有需求旺盛的市场和丰厚的利润，而且还容易赚钱，规模成长迅速（20%以上），能够较早实现充足的自由现金流（不断进账的收入，固定和流动资本低），盈利潜力高（税后利润为 10% ~ 15%）以及为投资者提供切实可行又极具吸引力的回报（投资回报率在 25% ~ 30%）。

② 持久性。机会窗口打开的时间相对较长，创业者利用机会时，机会窗口必须是敞开的。随着市场的成长，企业进入市场并设法建立有利可图的定位。

③及时性。这些机会需要很快地满足某项重大的需要或愿望，或者尽早地帮助人们解决一些重大问题。

在实践中，准确把握有价值的商机并不容易，原因在于，时间对创业者来说，既可以是朋友，也可以是敌人。如果想要通过深刻细致的方法来评价发现的商机，1 个季度可能不够，1 年不一定够，甚至 10 年都不一定够，这就是残酷的事实。而在这个现实中，最困难的一点就是：创业者必须找到能把好的思路付诸实施的最佳时机，并准确把握这个时机。正因为如此，创业活动才形成了创造神话与梦想幻灭的独特魅力。许多人尝试，一些人成功，少数人出类拔萃。掌握前面学习过的分析方法，有助于创业者在发现创业机会后，花费较少的时间、精力和成本迅速完成对商机潜力的基本判断。

3．商机识别的含义

商机识别包含发现机会和评价机会价值两方面的活动，创业的商机是为具备创业能力者所用，要通过科学的“创业能力的自我评估”，决定发现的商机能否为我所用，避免创业行为盲目冲动，为创业成功打下良好的基础。

技能训练

1．商机价值评估技能训练

小组合作进行社会调查，考察多个茶艺馆，对小组选定的茶艺馆作为模拟茶艺创业商机评估对象，参考茶艺创业商机价值评估表（可以根据具体情况增减表中的评估内容）表完成评估训练，老师听取汇报后做出评价。

茶艺创业商机价值评估表

评价项目	评价内容	个人评估		社会关系网综合评估	
市场认同	市场容易识别，可以带来持续收入	是	否	是	否
	顾客接受产品或服务，愿意为此付费	是	否	是	否
	茶艺服务产品的附加价值高	是	否	是	否
	产品对市场的影响力高	是	否	是	否
	开发的茶艺产品生命长久	是	否	是	否
	茶艺创业是新兴行业，竞争尚不完善	是	否	是	否
	拥有低成本的供货商，具有成本优势	是	否	是	否
	补充：	是	否	是	否
财务分析	盈亏平衡点不会逐渐提高	是	否	是	否
	对资金的要求不是很大，能够获得融资	是	否	是	否
	现金流量占到销售额的 20% ~ 30%	是	否	是	否
	能获得持久的毛利，毛利率要达到 40%	是	否	是	否
	税后利润持久，税后利润率要超过 10%	是	否	是	否
	研究开发工作对资金的要求不高	是	否	是	否
	补充：	是	否	是	否
项目优势	项目带来的附加价值具有较高的战略意义	是	否	是	否
	存在现有的或可预料的退出方式	是	否	是	否
	资本市场环境有利，可以实现资本的流动	是	否	是	否
	补充：	是	否	是	否
竞争优势	固定成本和可变成本低	是	否	是	否
	对成本、价格和销售的控制较高	是	否	是	否
	已经获得或可以获得对专利所有权的保护	是	否	是	否
	竞争对手尚未觉醒，竞争较弱	是	否	是	否
	拥有专利或具有某种独占性	是	否	是	否
	拥有发展良好的网络关系，容易获得合同	是	否	是	否
	拥有出色的管理人员或管理团队	是	否	是	否
	补充：	是	否	是	否
团队优势	创业者团队是一个优秀管理者的组合	是	否	是	否
	技术经验达到了茶艺行业内的较高水平	是	否	是	否
	服务团队的服务意识、能力达到最高水平	是	否	是	否
	管理团队知道自己缺乏哪方面的知识	是	否	是	否
	补充：	是	否	是	否

续表

评价项目	评价内容	个人评估		社会关系网综合评估	
项目缺陷	不存在任何致命缺陷问题	是	否	是	否
创业认同	个人目标与创业活动相符合	是	否	是	否
	茶艺创业可以在有限的风险下实现成功	是	否	是	否
	创业者能接受薪水减少损失	是	否	是	否
	创业者可以承受任何适当的风险	是	否	是	否
	创业者在压力下状态依然保持良好	是	否	是	否
	补充：	是	否	是	否
创业促进	创业理想与实际情况相吻合	是	否	是	否
	在客户服务管理方面有很好的理念	是	否	是	否
	所创办的茶艺事业顺应时代潮流	是	否	是	否
	技术具有突破性，替代品或竞争对手占少数	是	否	是	否
	具备灵活的适应能力，能快速地进行取舍	是	否	是	否
	优化与创新始终是茶艺创业的主题	是	否	是	否
	茶艺产品定价与市场领先者几乎持平	是	否	是	否
	能够获得销售渠道，或已拥有现成的网络	是	否	是	否
	经得起创业的失败	是	否	是	否
	补充：	是	否	是	否
能否改进、如何改进：		能否成为商机： 是　　　　否			

2. 面对商机的自我评估训练

小组组员根据面对商机自我评估表进行自我评估，根据评估过程和结论自我讲评，提高认识，完善自我。

面对商机自我评估表

评价项目	评价内容	个人评估		小组评价		教师评价	
个人经验	以前的工作、生活经验丰富，具备把握商机、实施创业所必需的知识和技能	是	否	是	否	是	否
经济状况	能承受从事创业活动所带来的机会成本，茶艺创业的潜在价值能够弥补放弃工作造成的损失	是	否	是	否	是	否
社会网络	自己身边认识、熟悉的人能够支撑实施创业所必需的资源和其他因素	是	否	是	否	是	否
面对商机的个人努力方向：		能够把握商机： 是　　　　否					

3. 创业能力的自我评估训练

小组组员进行个人创业能力的自我评估，根据评估过程和结论自我讲评，提高认识，完善自我。具体评估方法参考创业能力的自我评估表。

创业能力的自我评估表

评估项目	评价内容	个人评价	小组评价	教师评价
创业动机	充分地利用个人所拥有的知识、技能	是　否	是　否	是　否
	实现自我价值	是　否	是　否	是　否
	能够创造财富	是　否	是　否	是　否
	其他：	是　否	是　否	是　否
创业信念与意志	要付出的艰辛，有坚强的意志	是　否	是　否	是　否
	创业中纵有千难万难不退缩、不放弃	是　否	是　否	是　否
	有承担风险的勇气和胆略	是　否	是　否	是　否
	其他：	是　否	是　否	是　否
创业知识、技能、经验	具备创业知识	是　否	是　否	是　否
	具备创业技能	是　否	是　否	是　否
	具备创业经验	是　否	是　否	是　否
	熟悉相关法律法规	是　否	是　否	是　否
	其他：	是　否	是　否	是　否
经营项目专业水准	能够表演各种茶艺，创建客人需求的茶艺品牌	是　否	是　否	是　否
	能够准确定位茶艺经营主题	是　否	是　否	是　否
	能够进行服务环境的设计与布置	是　否	是　否	是　否
	能够完成茶艺服务设计，创建服务品牌	是　否	是　否	是　否
	独立完成经营任务	是　否	是　否	是　否
	其他：	是　否	是　否	是　否
公共关系能力	能够得到家人和朋友的支持	是　否	是　否	是　否
	能够利用社会资源	是　否	是　否	是　否
	具备通用能力	是　否	是　否	是　否
	其他：	是　否	是　否	是　否
努力方向：		能否成为创业者： 是　否		

1．小组练习

将班上学生分成小组，各小组选一位组长带领组员，进行“我是王玲”的模拟，按照“信息获取”“商机识别”“商机把握”的步骤讨论发现商机的过程，共同完成发现商机过程描述表中发现商机的具体事件描述的填写。组长做好发现商机组间交流的发言准备。

发现商机过程描述表

发现商机的步骤	发现商机过程	发现商机的具体事件描述
信息获取	王玲通过工作和社会网络获取信息 补充：	
商机识别	王玲坚信她的茶艺服务会比别人做得更好，从中发现商机 补充：	
	王玲通过个人经验和借助社会网络评估茶艺创业商机价值 补充：	

续表

发现商机的步骤	发现商机过程	发现商机的具体事件描述
商机把握	从个人经验、社会网络、经济状况三方面进行评估，确定茶艺创业的必备条件和因素 补充：	
	王玲通过“创业能力的自我评估”，决定发现的商机能否为我所用，理性把握商机 补充：	
个人体会与建议：		

2．小组讨论

（1）创业者应具备哪些能力才能发现商机？

（2）商机的特征有哪些？

3．综合评价

根据组长所做的发现商机组间交流的发言，综合小组之间的互评和各小组的“完成任务”进行系统评价，主要评价如下：

发现商机评价表

评价项目	评价内容	个人评价		小组评价		教师评价	
获取信息	获取信息过程	是	否	是	否	是	否
	获取信息的具体事件描述	是	否	是	否	是	否
商机识别	获取商机过程	是	否	是	否	是	否
	获取商机的具体事件描述	是	否	是	否	是	否
	评估茶艺创业商机价值过程	是	否	是	否	是	否
	评估茶艺创业商机价值的具体事件描述	是	否	是	否	是	否
商机把握	确定茶艺创业必备条件和因素过程	是	否	是	否	是	否
	确定茶艺创业必备条件和因素的具体事件描述	是	否	是	否	是	否
	商机能否为我所用过程	是	否	是	否	是	否
	商机能否为我所用的具体事件描述	是	否	是	否	是	否
努力方向：		建议：					

工作能力评价表

内容			评价	
学习目标		评价内容	小组评价 （3、2、1）	教师评价 （3、2、1）
知识	应知应会	发现商机应具备的能力		
		商机的特征		
专业能力	获取信息能力	获取信息能力		
	商机识别能力	商机识别能力		
	商机把握能力	商机把握能力		
通用能力	组织能力			
	沟通能力			
	解决问题能力			
	自我管理能力			
	创新能力			
态度	热爱茶艺事业坚强的意志			
努力方向：			建议：	

思考与实践

1．简述五玲发现商机需要的过程。

2．谈谈个人对发现商机价值的认识。

任务二 茶艺馆的选址

营造一个更加“贴近客人”的茶艺馆，位置顺脚，服务顺心，客人们必会如约而至。这就使得恰当地选择茶艺馆店址非常重要，店址被视为茶艺馆经营中的重要资源，是茶艺创业成功的关键之一。

情景描述

渴望创业的王玲受朋友们的启发，发现茶艺创业的商机，决定以既满足商务、时尚人士，又吸引大众为主题着手茶艺创业，并把茶艺馆选址作为当前工作重点。

情景分析

1．“茶艺馆的选址”方法选择

好酒也怕巷子深。茶艺馆位置选择是否合适，对茶艺馆经营能否成功起着关键作用。如果位置选择不当，会带来巨大的投资风险，因此在茶艺馆选址时必须慎重，一般要考虑下列主要因素。

（1）建筑结构

要了解建筑的面积、内部结构是否适合开设茶艺馆，是否便于装修，有无卫生间、厨房、安全通道等；对不利因素能否找到有效的补救措施。

（2）商圈

了解周围企事业单位的情况，包括经营状况、人员状况、消费特点等；了解周围居民的基本情况，包括消费习惯、消费心理、收入、休闲娱乐消费的特点等；了解周围其他服务企业的分布及经营状况，主要了解中高档饭店、酒店等。必要时，可以进行较深入的市场调查，全面了解当地的消费状况，分析投资的可行性。

（3）租金

了解租金的数量、缴纳方法、优惠条件、有无转让费等。因为租金是将来茶艺馆最主要的组成部分，所以必须慎重考虑，不能不计后果地轻率作出决定。

（4）水电供应

了解水电供应是否配套、方便，能否满足开茶艺馆的正常需要；水电设施的改造是否方便，有无特殊要求；排水情况；水费、电费的价格，收费方式等。

（5）交通状况

交通是否便利，有无足够的停车场地，对停车的要求，交通管理状况等。交通与停车是否便利、安全，往往影响到客源。交通环境不良，没有足够的停车场地，往往会给经营带来一定的困难。

（6）同业经营者

了解在一定范围内茶艺馆的数量、经营状况；了解其他茶艺馆的装饰风格、经营特色、经营策略；了解整体竞争状况等。周围茶艺馆的经营状况在一定程度上反映出该地域茶艺消费的特色及发展趋势，通过对其他茶艺馆的了解，可以使我们对经营环境有更全面的认识。

（7）政策环境

当地政府及有关管理部门对投资有优惠政策，在管理中能否提供公平、公正、宽松的竞争环境，有无相关的支持或倾斜政策等。主要了解工商、税务、公安、消防、卫生等部门对服务企业管理的政策法规。

（8）投资预算

要作出一个基本的投资预算，与投资者的资金实力、投资数量进行比较。估算项目包括装修费用，购置家具、茶具、茶叶的费用，招聘及培训费用，装饰费用，考察费用，证照办理费用，流动资金，办公费用，前期人员工资，前期房租，其他费用。

（9）效益分析

根据投资估算及开业后日常费用估算，可以进行盈亏平衡分析，确定一个保本销售额。这样，根据市场调查所收集的资料及对未来经营状况的预测，对周围其他茶艺馆经营状况的分析，再进行系统的比较，基本可以确定是否值得投资。

2．“茶艺馆的选址”过程分析

完成茶艺馆的选址，一般要分“创建选址预期”“选址考察和评估”“茶艺馆场地租、买合同的签订”三个阶段，茶艺馆的选址方法如下：

（1）创建选址预期

① 明确选址要素。茶艺馆为目标市场的顾客群提供满意的服务，茶艺馆选址首先应考虑客人喜欢、顺脚的位置，再考虑其他因素。选址预期一般考虑如下要素：消费群体；交通便利；周边环境；竞争对手；客流高峰；营业面积；使用期限；水、电、气；房屋租、买价格。可参考以上要素，根据具体情况加以完善。

② 创建相关标准。对照选址要素，创建选址预期，为选择理想经营场所提供依据，并设计出选址工作表。

（2）选址考察和评估

搜集营业场地租、售信息，根据选址预期筛选，选择符合选址预期的场地进行选址考察，并将考察情况翔实记录在选址工作表中。根据选址预期和选址考察情况比对，评估选址是否理想，通过选址汇总，得出选址结论。

选址工作表

项目 内容	选址预期	选址考察记录	评估
消费群体	依茶艺创业主题锁定消费群体，如学生、商务人士、广告人、记者、有闲群体等	实地考察、周边询问、客观记录	是　否
交通便利	交通便利、主干道旁、停车方便等	实地考察、周边询问、客观记录	是　否
周边环境	周边有学校、公园、机关、车站、机场等	实地考察、周边询问、客观记录	是　否
竞争对手	周边有冷饮馆、西餐馆、茶艺馆、饭馆、酒吧等	实地考察、周边询问、客观记录	是　否

续表

项目 内容	选址预期	选址考察记录	评估
客流高峰	馆址处于繁华的街区，馆址处于城市休闲中心，处于已具备品饮茶艺氛围的街区	实地考察、周边询问、客观记录	是　否
营业面积	XX 平方米	实地考察、客观记录	是　否
使用期限	XX 年以上	实地考察、周边询问、客观记录	是　否
水、电、气	齐全	实地考察、客观记录	是　否
房屋租、买价格	房屋租或买，XX 万元以内	实地考察、周边询问、客观记录	是　否
其他： （补充选址项目）			
体会与建议：		选址结论： 是　否	

（3）签订租、买合同

经过选址考察，确定茶艺馆场地，就可以着手茶艺馆场地租、买合同的签订，完成茶艺馆选址任务。

相关知识

1．适宜开茶艺馆的选址建议

茶艺馆的选址应更加“靠近客人”，“靠近客人”既有位置上（顺脚）的靠近，又有内涵上（文化认同）的靠近，要让客人能感受到，这是一间“我喜欢的茶艺馆”。

① 商业区附近：商场、购物中心、超市、饭馆、书馆。

② 休闲区附近：电影院、公园、运动场。

③ 机场内、图书馆、艺术馆。

④ 办公机构、大学校园等。

不得当的选址：高速公路旁、缺乏流动人口、高层楼房、有拆迁可能的地段。

2．茶艺馆形象设计

茶艺馆形象设计，要给消费者留下美好印象，以招徕顾客，实现扩大销售的目的。

① 馆面的设计风格上要符合经营特色与主题，是客人喜欢的茶馆。

② 馆面的装潢要充分考虑与原建筑风格及周围馆面是否协调，过分“特别”虽然抢眼，若消费者觉得“粗俗”，就会失去信赖。

③ 装饰要简洁，宁可“不足”，不能“过分”，不宜采用过多的线条分割和色彩渲染，免去任何过多的装饰，给客人传递明快的信息。

④ 馆面的色彩要统一谐调，不宜采用任何生硬的强烈的对比。

⑤ 招牌上字体大小要适宜，过分粗大会使招牌显得太挤，容易破坏整体布局，可通过衬底色来突出馆名。

3．茶艺馆招牌设计

具有醒目、丰富想象力和强烈吸引力的茶艺馆招牌，对顾客的视觉冲击和心理的影响重大（见图 6-2-1）。

① 文字设计：茶艺馆招牌文字设计备受重视，时尚性的创意层出不穷，如以标语口号、数字等组合而成的具有艺术性、立体性的招牌。

② 突出导入功能：茶艺馆招牌的导入功能，决定了它最应引人注目。要采用各种装饰方法使其突出个性，引人注目。如用霓虹灯、射灯、彩灯、反光灯、灯箱等来加强效果，或恰当地装饰衬托，做到高雅、清新。

③ 使用的材料：茶艺馆招牌底板经常采用薄片大理石、花岗岩、金属不锈钢板、薄型涂色铝合金板等。石材门面显得厚实、稳重、高贵、庄严；金属材料门面显得明亮、轻快，富有时代感。有时，随着季节的变化，还可以在门面上安置各种类型的遮阳棚架，这会使门面清新、活泼。

图 6-2-1　茶艺馆形象

技能训练

1. 创建选址预期训练

以茶艺馆的选址更加“贴近客人”，便于经营为原则，小组合作完成对茶艺馆选址预期。

选址预期评价表

评价指向：　　茶艺馆经营主题：

项　目 / 内　容	选址预期描述	其他组评价	教 师 评 价
消费群体		是　　否	是　　否
交通便利		是　　否	是　　否
周边环境		是　　否	是　　否
竞争对手		是　　否	是　　否
客流高峰		是　　否	是　　否
客人喜欢、顺脚		是　　否	是　　否
符合经营主题		是　　否	是　　否
其他：		是　　否	是　　否
努力方向：		建议：	

2．选址考察技能训练

小组合作，在前面学习中考察过的多个茶艺馆中，选择二个评价其选址特点，以提高本人的选址考察技能。建议选定一个指定的茶艺馆各小组分别评价，进行比对，再各自任选一个进行训练。

选址评价表

评价指向：　　茶艺馆经营主题：

项　目 / 内　容	选址特点描述	选址特点评价	其他组评价	教 师 评 价
消费群体			是　　否	是　　否
交通便利			是　　否	是　　否
周边环境			是　　否	是　　否
竞争对手			是　　否	是　　否
客流高峰			是　　否	是　　否
客人喜欢、顺脚			是　　否	是　　否
符合经营主题			是　　否	是　　否
其他：			是　　否	是　　否
个人体会：			建议：	

操作评价

1．小组练习

将班上学生分成小组，各小组选一位组长带领组员，帮助王玲完成“创建选址预期”“选址考察和评估”“茶艺馆场地租、买合同的签订”等工作。

选址工作表

内容 \ 项目	选址预期	选址考察记录	评估
消费群体			是　否
交通便利			是　否
周边环境			是　否
竞争对手			是　否
客流高峰			是　否
营业面积			是　否
使用期限			是　否
水、电、气			是　否
房屋租、买价格			是　否
其他：			是　否
工作体会：			选址结论： 是　否

2．小组讨论

① 如何做好选址预期？

② 如何做好选址考察和评估？

3．综合评价

综合评价包括小组之间的互评和老师对各小组工作的系统评价。主要评价项目见完成茶艺馆选址评价表（对照小组完成的“选址工作表”进行评价）。

完成茶艺馆选址评价表

内容 \ 项目	评价标准	小组互评	教师评估
消费群体预期 考察记录	预期的价值与可行性 考察与预期的吻合度	是　否	是　否
交通便利预期 考察记录	预期的价值与可行性 考察与预期的吻合度	是　否	是　否
周边环境预期 考察记录	预期的价值与可行性 考察与预期的吻合度	是　否	是　否
竞争对手预期 考察记录	预期的价值与可行性 考察与预期的吻合度	是　否	是　否
客流高峰预期 考察记录	预期的价值与可行性 考察与预期的吻合度	是　否	是　否
营业面积预期	预期的价值与可行性考察与预期的吻合度	是　否	是　否
使用期限预期		是　否	是　否
水、电、气预期		是　否	是　否
房屋租、买价格预期		是　否	是　否
其他	预期的价值与可行性 考察与预期的吻合度	是　否	是　否
评价汇总	评价汇总客观、翔实，能够准确得出选址结论	是　否	是　否
建议：		小组选址任务完成： 是　否	

能力评价表

内容			评价	
学习目标		评价内容	小组评价（3、2、1）	教师评价（3、2、1）
知识	应知应会	创业能力评估方法		
		如何做好选址预期		
专业能力	创建选址预期			
	选址考察和评估			
	签订租、买合同			
通用能力	组织能力			
	沟通能力			
	解决问题能力			
	自我管理能力			
	创新能力			
态度	热爱茶艺事业、坚强的意志			
努力方向：			建议：	

思考与实践

1．利用课余时间，考察多个茶艺馆，评价其选址特点。

2．请为王玲的茶艺馆起馆名。

提示：馆名高雅易记；馆名简洁，一目了然；馆名呈现怀旧、叙情、幽默、名人、时尚的风情；馆名魅力四射，吸引人们的眼球。

3．以满足学生消费为主题进行茶艺创业，完成茶艺馆的选址任务。

任务三 制订营销策略

一花一世界，一叶一菩提。步出闹市，远远看见一处幽静茶室，杏黄茶招上大书“尚品堂”三个大字。进入大厅后先看见一片竹林，苍翠欲滴，屋内几人或坐或卧，或调琴或煮茗，这是记者日前在一家名为“尚品堂”的茶馆看到的情景，据“尚品堂”经理介绍，为了在激烈的市场竞争中赢得自己的客户群体，自幼爱好中国传统文化的她在茶室里安排了国学讲座、益友社和传统文化交流三项课程。每月平均400元的学费对都市白领及高端商务人群来说，并不是很大负担，开业两个月，已经吸引了30余人报名参加课程。顾客可以在她的茶馆里一边学习国学，一边聆听古乐，调节身心，陶冶情操。

在茶馆的经营中，文化营销和体验营销尤为重要，因为顾客来饮茶满足口渴需要的这一目的并不强烈，强烈的是寻求一种体验和一种感受。顾客参与程度越高，体验就会越丰富。

体验和顿悟的过程是愉悦的，适当引导顾客，使顾客自己完成体悟的过程会比茶艺师教化的效果更好。因此在服务员的引导和提示下让顾客体验冲茶、品茶的乐趣，将会带来意想不到的好效果。茶馆要充分使用道具，并通过道具演绎“一花一世界，一叶一菩提”的茶味人生。

情景描述

茶艺馆馆址已选定，离繁华市区不远，但闹中取静，周边已经形成休闲氛围。茶艺馆面积120m^2，购买总房款98万元，若租赁，租金为12万元/年，王玲与房屋产权单位签订租赁五年的合同，其中约定五年内王玲可以改租赁房屋为购买房屋，五年租赁到期有房屋优先购买权，给付12万元租金之日合同生效。王玲自有4万元，向亲友借款8万元，资金不足的部分银行贷款解决。茶艺创业不是一件轻松的事，王玲忙得不可开交，如何经营一间客人们喜欢的茶艺馆，王玲思绪万千，她请教多位专家，学习研究，并从互联网上获取大量信息，认为“要想成事，策略为先”，制订出营销策略为当务之急。

情景分析

1．茶艺馆营销策略的制订目标认同

制订的营销策略，能够贯彻市场认同的企业价值观；融入企业经营理念；实现“员工满意、客人惊喜”的愿景；通过产品、定价、地点、促销、顾客保留和顾客推荐的营销要素，创建自己的茶艺品牌，增加茶艺馆的吸引力，提高客人的满意和忠诚。

2．经营管理的策略分析

制订茶艺馆的营销策略，一般要制订产品策略、定价策略和促销策略，内容如下：

（1）制订产品策略

用合作学习的方法，如果在产品策略表中□内标注“Y”表示认同，大家各抒己见，把更好的想法补充入产品策略表的“其他”之中，共同完成产品策略的制订。

产品策略表

内容 项目	策略目的	产品策略描述	策略实施方法
产品 组合策略	满足客人需求 □ 竞争中保持优势 □ 提前规划保龄球业资源 □ 提供调整组合规模依据 □	决定生产、销售什么产品，产品如何组合，如茶、食品等的组合 □	市场调查和预测 □ 研究客人需求 □ 同行比对 □ 个人和社会网络经验 □ 落实到茶单中 □ 员工培训认同，制度落实 □
生命 周期策略	满足客人需求 □ 竞争中保持优势 □ 提供产品调整依据 □ 保证销售额和利润 □	实行产品定期末位淘汰，实现生产或开发的产品能够在进入市场不久销售额和利润迅速增长，保持高峰时间长，不会突然衰退 □	每日统计，认真分析，查找问题原因，实行产品定期末位淘汰 □ 倾听客人意见 □ 鼓励员工创新形成制度 □ 落实到茶单中 □ 员工培训认同，制度落实 □
产品 创新策略	提供超值、惊喜的服务 □ 提高产品的附加值 □ 提高客人的满意与忠诚 □ 竞争中保持优势 □ 保证最优团队 □ 提高销售额和利润 □	创建员工认同的产品创新理念，既满足客人需求，又引领需求时尚 □ 包括有形产品、服务、环境、氛围、文化内涵的创新 □	鼓励员工创新形成制度 □ 培养人才、引进人才 □ 建立学习型团队 □ 研究发现新技术、新设备、新工艺、新材料 □ 落实到茶单中 □ 员工培训认同，制度落实 □

续表

内容 项目	策略目的	产品策略描述	策略实施方法
品牌策略	提供超值、惊喜的服务 □ 提高产品的附加值 □ 提高客人的满意与忠诚 □ 竞争中保持优势 □ 保证最优团队 □ 树立形象、创建品牌 □ 提高销售额和利润 □	依据经营主题确定茶艺馆的名字、标志 □ 明确品牌归属 □ 用有形产品、服务、环境、氛围、文化内涵打造茶艺馆的品牌 □	做好商标注册 □ 做好互联网上的域名注册 □ 做好品牌注册时的自我保护 □ 员工培训认同，制度落实 □
服务策略	提供超值、惊喜的服务 □ 提高产品的附加值 □ 提高客人的满意与忠诚 □ 竞争中保持优势 □ 保证最优团队 □ 树立形象、创建品牌 □ 提高销售额和利润 □	满足客人的需求和保持长久的客户关系 □ 认同“认真对待每一位客人，一次只表演客人需要的那一杯茶艺” □ 认同品牌的成功不是一种一次性授予的封号和爵位，它必须以每一天的努力来保持和维护 □ 员工成为“茶艺迷”，能够恰当的为客人介绍茶艺产品、茶艺知识、茶艺表演技术，让客人也成为“茶艺迷” □	倾听客人意见 □ 研究客人需求 □ 同行的比对等 □ 鼓励员工创新形成制度 □ 培养人才、引进人才 □ 建立学习型团队 □ 员工培训认同，制度落实 □
其他			

（2）制订定价策略

① 定价目的。

• 满足客人需求。

• 竞争中保持优势。

• 保证销售额和利润。

② 定价策略。

• 公开牌价。印在茶单上的公开牌价相对稳定，为价格管理提供方便，为销售提供准则，也可减少与客人之间的矛盾，提高服务信誉。

• 价格水平。在竞争的市场中，小型企业确定的价格水平高于或低于市场价格水平都是不明智的，因为竞争越激烈，企业对价格掌握程度越小，价格越接近竞争者。若突出产品、服务质量，确实是客人认同的高档茶艺馆，可以控制价格高于竞争者。

• 新产品价格及价格灵活度。用固定的茶单稳定茶艺馆的产品价格，以临时性茶单和新品茶单增加新品，或优惠酬宾，满足客人需求。

• 提价和降价策略。没有客人信服的理由，不宜轻易提价和降价。茶艺馆常常用短期优惠、新品体验、团队优惠等名目招揽顾客；也常常用赠品、赠券、附加服务提供酬宾服务。

③ 定价方法。

• 声望定价法。以茶艺馆中名茶艺师实施定价参考；以茶艺馆品牌实施定价参考；以茶艺品牌实施定价参考；以服务品牌实施定价参考。

• 竞争定价法。为企业提高竞争力，招揽必须的顾客数量而实施定价，

• 毛利率定价法。毛利率是产品毛利与产品销售价格（销售毛利率）或者产品毛利与产品成本之间的比率（成本毛利率）。

毛利率定价法是使用较广泛的定价方法，茶艺馆一般根据相关政策、同行业参考、本馆情况确定产品的毛利率，核实产品的原材料成本，可以确定产品价格，其计算公式如下：

$$\text{产品价格}=\frac{\text{产品原材料成本}}{1-\text{销售毛利率}} \tag{6-1}$$

或

$$\text{产品价格}=\text{产品原材料成本}\times(1+\text{成本毛利率}) \tag{6-2}$$

例：表演一杯西湖龙井绿茶茶艺，用茶5g，确定销售毛利率为80%，请为该茶定价。

解：用公式（6-1）计算：

$$\text{西湖龙井茶每杯价格}=\frac{5}{1-80\%}=25\text{（元）} \tag{6-3}$$

答：西湖龙井茶每杯价格为 25 元。

创业者要考虑国家相关政策；客人是否重视茶艺馆的档次、品牌；茶艺馆投资与收益、成本与费用、竞争等综合因素完成产品定价。

（3）制订促销策略

仅靠广告、海报等媒体宣传，靠人员四处促销，是不能够把客人“拉”进茶艺馆内的。

重要的是，改善员工关系，给予必须的培训，建立学习型团队，提高服务水平；茶艺馆打造好令客人动心的品牌；与客人建立亲切的互动关系；塑造良好口碑；不断地满足客人的期望；与客人共度令人留恋的茶艺时光。

相关知识

1. 培训要点

① 重视参加培训人员的选择，因材施教十分重要。

② 运用恰当的培训方式、舒适的教学环境，使学员感到身体舒适、心理满意。

③ 培训过程中应与学员进行有效的沟通，沟通的焦点应是与培训有关的内容。

④ 对学员在培训过程中表现出来的错误，应首先请学员进行评定，征求学员的看法和意见，培训者应在最后提出自己的意见，在提出自己的意见之前，对学员的正确行为给予肯定和鼓舞，然后指出不足，纠正应该是对事不对人。

2. 制订培训计划的原则

① 培训不仅仅是培训者的责任，而是全体员工的责任。

② 培训是一个连续不断的过程，它存在于任何时间，而不仅限于正式的培训期间。

③ 培训必须系统地进行，必须协调一致。

④ 培训计划的制订，必须既兼顾创业目前的需要，又关注创业的长远发展需求。

⑤ 培训是员工事业发展的一个重要组成部分，要激励员工、关爱员工。

3．笑容的魅力

笑容不是奉承，而是在服务中应表现出的尊敬、款待之心，是茶艺馆服务的必须，真诚又恰当的微笑又是接近顾客、赢得尊重的最好方法。表达笑容的心法如下：

① 表达感谢。由衷感谢（因为从那么多的茶艺馆中选中我们的馆），即便因茶艺馆客满忙碌的时候，也决不削减表达感谢之心，要满面春风的迎接款待。

② 要有爱心。客人是带给我们鼓舞的人，与客人交流有如对待自己的亲人、朋友一般，也就是对客人要充满着与自己的亲人般的亲切感与爱心，这样才能表达笑容。

③ 要有信心。

4．避免服务过剩

不能掌握好宾客的心理特点，盲目追求“优质”服务的过程中，结果适得其反，步入了“服务过剩”的误区。

① 过分热情，造成服务缺乏真诚。对宾客真诚的、发自内心的关爱，才称得上是热情的服务，反之，则是虚情假意、矫揉造作。机械式的、职业化的微笑，造成在某些尴尬场面甚至是紧急情况下，服务员依然是慢条斯理地微笑，全然不顾及宾客当时的心情，这就反而会令人反感。要解决这一问题，首先要从观念入手，让员工认识到服务接待是一项平凡而崇高的职业。其次，要使员工对宾客进行正确的角色定位。只有当服务员把前来消费的客人当成是自己的客人时，她才会想客人所想，绽放出最灿烂、最甜美的微笑。

② 标准化，避免服务内容无限扩展。茶艺馆的主题、档次与服务内容、标准关系密切。管理者和服务人员都应清楚本馆的服务内容及服务范围。不可一味地顺从客人的要求，而应量力而行，尽最大可能满足客人需求。若是额外的服务内容，需向客人做出合理的解释说明，并表示歉意，努力获得客人的理解，更好地兼顾到茶艺馆和客人双方面的利益，不妨对所有的服务项目、服务内容做一明确界定。

③ 过分严谨，服务方式完全程式化。茶艺馆过于程式化的服务方式和厅内过于拘束的氛围，会造成客人的不舒服。有时，服务员的身影不停地在茶座间穿梭，几乎每隔两分钟就要“打扰”一次。虽然，从服务程序来看，无可挑剔，但从“以人为本”的角度来看，却发现服务方式的设计不够合理，因而也不能使宾客满意，造成服务无效和负面影响。

5．服务五忌

一忌旁听：客人在交谈中，不旁听、不窥视、不插嘴是服务员应具备的职业道德，服务员如与客人有急事相商，也不能贸然打断客人的谈话，最好先采取暂时在一旁等待，以目示意，等待客人意识到，再进行交流。

二忌盯瞅：在接待一些服饰较奇特的客人时，服务员最忌目盯久视、品头论足，因为这些举动容易使客人产生不快。

三忌窃笑：客人在聚会与谈话中，服务员除了提供应有的服务外，应不随意窃笑、不交头接耳、不品评客人的议论。

四忌口语随意化：服务员缺乏语言技巧和自身素质的培养，在工作中有意无意地伤害了客人或引起不愉快的事情发生。

五忌厌烦：如果个别顾客高声招呼服务员，服务员不能对其表现出冷淡或不耐烦，应该做到服务于客人开口之前，并通过主动、热情的服务赢得客人的谅解。

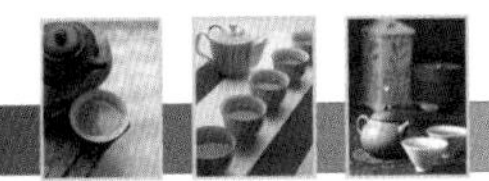

6. 茶艺馆气氛的营造

顾客在喝茶时往往会选择适合自己所需气氛的茶艺馆，因此在茶艺馆气氛营造时，必须重点考虑下列几项：

① 准确定位顾客群，依据客人需求，设计环境，营造环境氛围。

② 重视服务员与客人的因素，他们是形成氛围不可或缺的部分。

③ 丰富能够提高客人对茶艺馆喜爱的氛围。

④ 听取客人的建议，开阔眼界，既承载经典茶艺人文的沉淀，又引领风情万种的茶艺时尚。

7. 茶单设计原则

① 茶单应艺术美观。

② 茶单使用的纸张应精良耐用。

③ 单页茶单尺寸适宜为 30cm×40cm，多页适宜为 25cm×35cm。

④ 茶单上使用 3 号铅字，适合客人阅读。

⑤ 茶单图文并茂、色彩装饰，要具有吸引力，令客人产生兴趣。

⑥ 重点饮品应放到客人对茶单最关注的首部、尾部。

⑦ 茶单上的文字不要超过 50%，避免视觉“拥挤”。

8. 经营管理方式的选择

做好茶艺馆的经营管理，采用分区域管理，较为理想。分区域管理是在“员工满意、客人惊喜”的指导思想下，对各个区域的不同功能设计实施针对性的管理，管理目标科学地细化，指向性强，管理灵活，可行性强，效果好，被广泛采用。

9. 经营管理的策略分析

完成茶艺馆经营管理任务，一般要做好“制度的完善与执行”“分区域管理”，内容如下：

(1) 完善经营管理制度

经营管理制度往往被误认为是“满足管理者意志”的“霸王条款”，其实不然，卓越的管理会通过完善经营管理制度取得员工的满意。经营管理制度指导员工如何用最合理的方式，出色地满足客人需求；员工会认同通过优化并执行经营管理制度中的程序、规范，将获得客人对服务的满意、惊喜和尊重。这种优质服务的呈现，不仅实现了有形产品的价值增值，也会有效地实现员工与员工、员工与客人彼此之间赞许、和睦融通的人文愿景。

茶艺馆需要制订的制度有《员工守则》、《岗位指导》、《后台岗位指导》和《对客服务指导》等。

(2) 分区域管理

按照管理制度做好员工的“岗前培训指导”、“岗上指导”，认同本企业的服务理念、服务方法、产品标准，并以客人的满意、惊喜为中心优化完成相应的服务。

① 前台管理。通过岗前培训、岗上指导，茶艺师能够根据本馆的经营主题、特色、客人需求进行产品设计；完成茶单上各种饮品的表演准备、表演出品和质检工作，并以客人不同的需求优化表演、创新表演；合理地使用、保养设备；合理利用原料、辅料；分析客人品饮率较低的饮品，根据分析结论对表演进行改进或淘汰。

② 厨房管理。通过岗前培训、岗上指导，厨师能够完成茶单上各种食物的制作，并以客人不同的需求优化、创新美食；合理使用、保养设备；合理利用原料、辅料；分析客人点单

率较低的食物，根据分析结论对制作进行改进或淘汰。

③ 服务管理。通过岗前培训、岗上指导，能够完成环境准备、迎宾领位、介绍饮品、介绍菜点、服务饮品、服务菜点、席间服务、结账服务、礼貌送客、结束整理等服务工作。服务用心、用勤、用情，为客人营造家一般的温馨与舒适，倾注老朋友般的体贴与关爱，不断提升客人的满意度。

技能训练

1. 茶单设计

（1）分组讨论评价例一和例二，提出改进建议。

（2）小组遵照茶单设计原则合作设计两份茶单，示例如下。

例一

图 6-3-1　茶单示例 1

例二

图 6-3-2　茶单示例 2

2．定价训练

表演一杯西湖龙井茶茶艺，用茶 5g，确定销售毛利率为 80%，请为该茶定价。

1．小组练习

将班上学生分成小组，各小组选一位组长带领组员，帮助王玲制订产品策略、价格策略和促销策略。

（1）按照产品策略表提示小组讨论填写，在表中□内标注“Y”表示认同，完成产品策略制订。

产品策略表

内容 项目	策略目的	产品策略描述	策略实施方法
产品 组合策略	满足客人需求 □ 竞争中保持优势 □ 提前规划保龄球业资源 □ 提供调整组合规模依据 □	决定生产、销售什么产品，产品如何组合，如茶、食品等的组合 □	市场调查和预测 □ 研究客人需求 □ 同行比对 □ 个人和社会网络经验 □ 落实到茶单中 □ 员工培训认同，制度落实 □
生命 周期策略	满足客人需求 □ 竞争中保持优势 □ 提供产品调整依据 □ 保证销售额和利润 □	实行产品定期末位淘汰，实现生产或开发的产品能够在进入市场不久销售额和利润迅速增长，保持高峰时间长，不会突然衰退 □	每日统计，认真分析，查找问题原因，实行产品定期末位淘汰 □ 倾听客人意见 □ 鼓励员工创新形成制度 □ 落实到茶单中 □ 员工培训认同，制度落实 □
产品 创新策略	提供超值、惊喜的服务 □ 提高产品的附加值 □ 提高客人的满意与忠诚 □ 竞争中保持优势 □ 保证最优团队 □ 提高销售额和利润 □	创建员工认同的产品创新理念，既满足客人需求，又引领需求时尚 □ 包括有形产品、服务、环境、氛围、文化内涵的创新 □	鼓励员工创新形成制度 □ 培养人才、引进人才 □ 建立学习型团队 □ 研究发现新技术、新设备、新工艺、新材料 □ 落实到茶单中 □ 员工培训认同，制度落实 □
品牌策略	提供超值、惊喜的服务 □ 提高产品的附加值 □ 提高客人的满意与忠诚 □ 竞争中保持优势 □ 保证最优团队 □ 树立形象、创建品牌 □ 提高销售额和利润 □	依据经营主题确定茶艺馆的名字、标志 □ 明确品牌归属 □ 用有形产品、服务、环境、氛围、文化内涵打造茶艺馆的品牌 □	做好商标注册 □ 做好互联网上的域名注册 □ 做好品牌注册时的自我保护 □ 员工培训认同，制度落实 □
服务策略	提供超值、惊喜的服务 □ 提高产品的附加值 □ 提高客人的满意与忠诚 □ 竞争中保持优势 □ 保证最优团队 □ 树立形象、创建品牌 □ 提高销售额和利润 □	满足客人的需求和保持长久的客户关系 □ 认同“认真对待每一位客人，一次只表演客人需要的那一杯茶艺” □ 认同品牌的成功不是一种一次性授予的封号和爵位，它必须以每一天的努力来保持和维护 □ 员工成为“茶艺迷”，能够恰当的为客人介绍茶艺产品、茶艺知识、茶艺表演技术，让客人也成为“茶艺迷” □	倾听客人意见 □ 研究客人需求 □ 同行的比对等 □ 鼓励员工创新形成制度 □ 培养人才、引进人才 □ 建立学习型团队 □ 员工培训认同，制度落实 □
其他			

（2）制订价格策略

小组合作讨论下列问题并回答，然后完成茶艺馆茶单设计（最好用计算机设计）。

① 如何让茶单图文并茂，具有吸引力，令客人产生兴趣？

② 茶单有哪些作用？

③ 茶艺产品定价应考虑哪些因素？有哪些方法？

（3）制订促销策略

小组合作讨论制订促销策略，小组选出代表谈谈本小组的促销策略。

2．小组讨论

① 谈谈制订营销策略的目的。

② 谈谈创业者做好营销策略的制订应具备的能力。

3．综合评价

综合评价包括小组之间的互评和老师对各小组工作的系统评价。主要评价项目如下：

完成任务评价表

项目 / 内容	评价内容	小组互评汇总		教师评价	
制订产品策略	产品组合描述	是	否	是	否
	策略实施方法	是	否	是	否
	策略目的	是	否	是	否
制订价格策略	产品组合描述	是	否	是	否
	策略实施方法	是	否	是	否
	策略目的	是	否	是	否
制订促销策略	产品组合描述	是	否	是	否
	策略实施方法	是	否	是	否
	策略目的	是	否	是	否
努力方向：		建议：			

工作能力评价表

内容			评价	
学习目标		评价内容	小组评价（3、2、1）	教师评价（3、2、1）
知识	应知应会	制订营销策略的目的		
		做好营销策略的制订应具备的能力		
专业能力	制订产品策略能力	制订产品策略		
	制订价格策略能力	制订价格策略		
	制订促销策略能力	制订促销策略		
通用能力	组织能力			
	沟通能力			
	解决问题能力			
	自我管理能力			
	创新能力			
态度	热爱茶艺事业、坚强的意志			
努力方向：			建议：	

思考与实践

考察茶艺馆并不其制订营销策略。

任务四 制订创业计划

一个怀揣创业梦想的青年，带着父亲的钱外出打拼。二年后，他两手空空回到了家，愧疚地对父亲说："父亲，我拼光了，怪我没干过，赔了钱才明白"。父亲拉过儿子的手语重心长地说："你的手磨起了厚厚的糨子，要是脑子也这么勤快就能成事了，儿子，还敢不敢再拼一次"……年轻人既流血流汗，又缴了学费，但他敢再拼一次的理由主要在于那刻骨铭心的经历，这次他有备而来。

那么如何让像这位青年人一样没有创业经验的创业者尽量少走些弯路呢？方法可能很多，这里介绍制订创业计划的方法，会给你的创业帮上忙。制订一份经过调查研究、反复推敲、目标明确、步骤清楚的创业计划，其制订过程就是创业者在纸上练兵模拟创业的过程，从中发现和补充不曾考虑的问题，从而避免损失或增强信心。创业计划可以成为谋求贷款和其他帮助赢得信任的书面陈述，也能够成为检验创业实践成败的标尺。

情景描述

为了做好创业，王玲做了大量的调查研究、不断地请教学习，尽管茶艺行业自己非常熟悉，王玲还是反复推敲，认真制订创业计划，创业计划模板封面如图 6-4-1 所示。

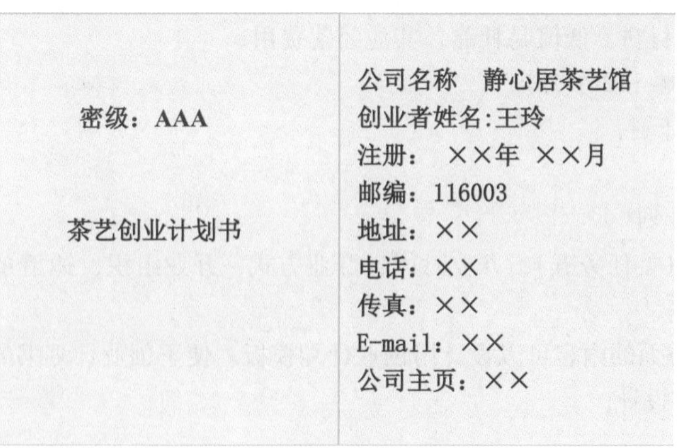
密级：AAA

茶艺创业计划书

公司名称　静心居茶艺馆
创业者姓名:王玲
注册：　××年 ××月
邮编：116003
地址：××
电话：××
传真：××
E-mail：××
公司主页：××

图 6-4-1　创业计划模板的封面设计

情景分析

1. 制订创业计划方法的选择

制订创业计划可参考创业计划模板中的内容，根据创业者的具体情况增减设计自己的创业计划，为制订创业计划打好纲要。用这种方式制订创业计划全面翔实，效率高，被广泛采用。

2. 制订创业计划过程分析

制订创业计划一般要做好"基本情况介绍、市场分析、营销计划、财务计划、开业实施计划”，具体内容如下。

（1）基本情况介绍

基本情况介绍包括创业者个人情况介绍和企业概况。

① 个人情况介绍：工作经验、个人学历、受过培训、家庭经济状况。

② 企业概况介绍：企业注册情况、组织机构、投资方式及额度、产品、服务与经营范围、员工、地址、电话等。

（2）市场分析

① 目标顾客群描述。

② 市场容量及产品服务的满足程度。

③ 市场容量的变化趋势。

④ 竞争对手的主要优势与劣势。

⑤ 相对竞争对手的主要优势与劣势。

（3）营销计划

产品与服务的内容与特色。

① 价格：成本、销售价、竞争对手价格。

② 茶艺馆位置：地址、面积、租金或购买成本、选址理由。

③ 营销方式：人员促销成本预算、广告成本预算、公共关系成本预算。

（4）财务计划

① 茶艺馆融资与投资计划。

• 固定资产：工具、用品、设备、交通工具、办公用品、固定资产及折旧明细。

• 营运资金：原材料、低值易耗品、其他经营费用。

② 销售收入预测（12 个月）。

③ 销售和成本计划。

④ 现金流计划。

（5）开业实施计划

开业审批办理（见任务五）、开业时间、开业方式、开业组织、邀请单位及个人、开业的心理准备、物质准备。

参考上述五个方面的内容可以设计出创业计划模板，便于创业计划书的制订，模板的封面内容要按照图 5-4-1 设计。

相关知识

1．市场容量

市场容量是指一定时间内在一定范围可以实现的末端商品交易总量。

市场容量是由使用需求总量和可支配货币总量两大因素构成的。有使用需求没有可支配货币的消费群体，是低消费群体；仅有可支配货币没有使用需求的消费群体是持币待购群体或十分富裕的群体。把这两种现象均称为因消费需求不足而不能实现的市场容量。

2．低值易耗品

低值易耗品是指劳动资料中单位价值在规定限额以下或使用年限比较短（一般在一年以

内）的物品。它与固定资产有相似的地方，在生产过程中可以多次使用不改变其实物形态，在使用时也需维修，报废时可能也有残值。由于它价值低，使用期限短，所以采用简便的方法，将其价值摊入产品成本。

3．如何做好融资

（1）确定融资渠道

考虑资金需求量、社会关系、银行贷款政策等因素，广泛收集信息，挖掘一切可能融资的渠道。创业者大多选择自筹资金、亲朋好友投资或借款、银行贷款等组合渠道融资。

（2）实施融资

① 亲朋好友投资或借款，需要用契约等法律规范来减少不必要的纠纷。

② 银行贷款应明确相关金融政策，选择最佳途径。

实施融资后，潜在的创业风险即成为现实风险，故创业者一定要有风险意识。

技能训练

1．投资与融资计划制订训练

通过预算设备资金、装修改造资金、办理相关手续资金、流动资金，明确资金需求量、用途，加上房屋租金或购房款，完成投资与融资计划制订。小组合作依据市场调查和王玲的情况，完成茶艺馆的投资与融资计划。

投资与融资计划工作表

项目 / 内容	资金预算（数量 × 单价）	组间互评	教师评价
设备（以下各项通过市场考察，依据供货商报价确定）		是　否	是　否
表演器具		是　否	是　否
消毒柜		是　否	是　否
冰柜、冷藏柜		是　否	是　否
厨房用具		是　否	是　否
桌椅		是　否	是　否
广告牌		是　否	是　否
收款机		是　否	是　否
空调机		是　否	是　否
餐饮用具		是　否	是　否
其他		是　否	是　否
设备资金小计：		是　否	是　否
装修改造、装饰（依据装修改造、装饰预算确定）		是　否	是　否
装修改造、装饰小计：		是　否	是　否
办理相关手续（依据相关规定）		是　否	是　否
经营许可证		是　否	是　否
卫生许可证		是　否	是　否
其他		是　否	是　否
办理相关手续资金小计：		是　否	是　否

续表

项目 内容	资金预算（数量×单价）				组间互评	教师评价
流动资金（确保营运后资金正常运作）					是　否	是　否
原材料					是　否	是　否
低值易耗用品、用具					是　否	是　否
人力资源费用支出					是　否	是　否
其他					是　否	是　否
流动资金小计：					是　否	是　否
茶艺馆租赁或购买金额：					是　否	是　否
投资金额合计：					是　否	是　否
融资渠道	自筹资金	是 否	其他		是　否	是　否
融资金额					是　否	是　否
融资预算合计：					是　否	是　否
建议：					预算完成： 是　否	

2. 设计出创业计划书的模板训练

参考制订创业计划过程分析中介绍的“基本情况介绍、市场分析、营销计划、财务计划、开业实施计划”的内容。设计出创业计划书的模板。

操作评价

1. 小组练习

将班上学生分成小组，各小组选一位组长带领组员，参考设计出的创业计划模板，通过查阅书籍和互联网，小组合作帮助王玲做好创业计划书。

2. 小组讨论

① 制订创业计划书有何意义？

② 创业计划书有哪些内容？

3. 综合评价

综合评价包括小组之间的互评和老师对各小组工作的系统评价。主要评价项目如下：

完成任务评价表

项目 内容	评价内容	组间互评	教师评价
创业计划模板设计	内容全面	是　否	是　否
	针对性强	是　否	是　否
	目标明确	是　否	是　否
创业计划制订	内容全面	是　否	是　否
	针对性强	是　否	是　否
	目标明确	是　否	是　否
努力方向：		建议：	

工作能力评价表

内容			评价	
学习目标		评价内容	小组评价（3、2、1）	教师评价（3、2、1）
知识	应知应会	制订创业计划书的目的		
		创业计划书的内容		
专业能力	市场分析能力	市场分析能力		
	营销计划能力	营销计划能力		
	促销计划能力	促销计划能力		
通用能力	组织能力			
	沟通能力			
	解决问题能力			
	自我管理能力			
	创新能力			
态度	热爱茶艺事业、坚强的意志			
努力方向：			建议：	

任务五 登记注册

登记注册是企业正常进入市场的制度，确认企业的法人资格或营业资格，行使国家管理经济职能的一项行政监督管理制度。它在企业提出登记申请，由工商行政机构进行审核批准后进行。它是对企业法人资格依法确认的具体反映，是企业合法经营的依据。它具有法律效力，企业在核定的登记注册事项的范围内，从事生产经营，依法享有民事权利，承担民事义务，受到法律保护。

企业登记注册是合法经营的必须环节，清楚如何办理登记注册，才能够省时省力办好这件事。

情景描述

王玲的茶艺创业进行得比较顺利，这些天王玲要办理茶艺馆注册登记的事，怎么办理，王玲也不十分清楚，有人提醒打电话咨询清楚，免得费力误事。

情景分析

办理茶艺馆注册登记，一般要分个人准备相关材料、提交相关材料、工商局审核发证三个阶段，具体办理过程如下：

1．个人准备相关材料

（1）做好咨询

依次向街道业务部门、当地劳动就业部门、公司行政管理部门、税务部门、公安、卫生、消防等部门咨询，按下列顺序咨询（最好做记录）：

自我介绍，住在哪，想办一个什么类型的企业，请问怎么申办？

要获得哪些许可证，到哪办，找谁办，办公时间？

要填写哪些表格，要用哪些证明？

还有哪些问题我应该知道？

（2）备齐资料

备齐申请登记注册所需的相关材料，没有的立即补办。

2．提交相关材料

向工商局登记注册处提交相关材料，并询问发证时间，联系电话。

3．工商局审核发证

到达发证时间，电话询问是否能够取证，提高办事效率。

相关知识

1．如何进行税务登记

税务登记，也称纳税登记，它是税务机关对纳税人的开业、变动、歇业以及生产经营范围实行法定登记的一项管理制度。

凡经国家工商行政管理部门批准，从事生产、· 经营的公司等纳税人，都必须自领取营业执照之日起30日内，向税务机关申报办理税务登记。

从事生产、经营的公司等纳税人应在规定时间内，向税务机关提出申请办理税务登记的书面报告，如实填写税务登记表。

2．税务登记表有哪些内容

税务登记表的主要内容如下：

（1）企业或单位名称，法定代表人或业主姓名及其居民身份证、护照或其他合法入境证件号码。

（2）纳税人住所和经营地点。

（3）经济性质或经济类型、核算方式、机构情况隶属关系，其中核算方式一般有独立核算、联营和分支机构三种。

（4）生产经营范围与金额、开户银行及账号。

（5）生产经营期限、从业人数、营业执照号及执照有效期限和发照日期。

（6）财务负责人、办税人员。

（7）记账本位币、结算方式、会计年度及境外机构的名称、地址、业务范围及其他有关事项。

（8）总机构名称、地址、、法定代表人、主要业务范围、财务负责人。

（9）其他有关事项。

3．填报税务登记表应携带哪些证件或材料

馆铺经营者作为纳税人在填报税务登记表时，应携带下列有关证件或资料：

① 营业执照。

② 有关合同、章程、协议书、项目建议书。

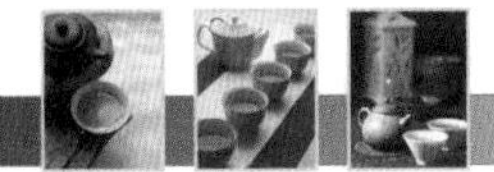

③ 银行账号证明。

④ 法定代表人或负责人或业主的居民身份证、护照或其他合法入境证件。

⑤ 税务机关要求提供的其他有关证件和材料。

4．办理税务登记的程序

先由经营者主动向所在地税务机关提出申请登记报告，并出示工商行政管理部门核发的工商营业执照和有关证件，领取统一印刷的税务登记表，如实填写有关内容。税务登记表一式三份，一份由公司的法人留存，两份报所在地税务机关。税务机关对公司等纳税人的申请登记报告、税务登记表、工商营业执照及有关证件审核后予以登记，并发给税务登记证。税务登记证是经营者向国家履行纳税义务的法律证明，经营者应妥善保管，并挂在经营场所明显易见处，亮证经营。税务登记只限企业经营者自用，不得涂改、转借或转让，如果发生意外毁损或丢失，应及时向原核发税务机关报告，申请补发新证，经税务机关核实情况后，给予补发。

技能训练

向办理相关手续的部门，咨询办理需要的相关材料和办理程序。

操作评价

1．小组练习

将班上学生分成小组，各小组选一位组长带领组员，帮助王玲模拟完成个人准备相关材料、提交相关材料、工商局审核发证的登记注册办理。

2．小组讨论

① 登记注册需要个人准备哪些相关材料？如何咨询?

② 如何做好登记注册办理?

3．综合评价

综合评价包括小组之间的互评和老师对各小组工作的系统评价。主要评价项目如下：

登记注册办理评价表

项目 内容	评价内容	组间评价 （3、2、1）	教师评价 （3、2、1）
个人准备相关材料	咨询记录		
	相关材料的准备		
提交相关材料	提交材料部门		
	当面核实材料是否齐全		
	询问发证时间		
工商局审核发证	电话询问是否能够取证，办事效率高		
建议：		完成任务： 是　　否	

能力评价表

<table>
<tr><th colspan="3">内　　容</th><th colspan="2">评　　价</th></tr>
<tr><th colspan="2">学习目标</th><th>评价内容</th><th>组间评价（3、2、1）</th><th>教师评价（3、2、1）</th></tr>
<tr><td rowspan="2">知识</td><td rowspan="2">应知应会</td><td>登记注册需要个人准备的相关材料并进行如何咨询?</td><td></td><td></td></tr>
<tr><td>做好登记注册办理</td><td></td><td></td></tr>
<tr><td rowspan="2">专业能力</td><td>与相关部门沟通的能力</td><td>与相关部门沟通的能力</td><td></td><td></td></tr>
<tr><td>做好登记注册办理</td><td>做好登记注册办理</td><td></td><td></td></tr>
<tr><td rowspan="5">通用能力</td><td>组织能力</td><td></td><td></td><td></td></tr>
<tr><td>沟通能力</td><td></td><td></td><td></td></tr>
<tr><td>解决问题能力</td><td></td><td></td><td></td></tr>
<tr><td>自我管理能力</td><td></td><td></td><td></td></tr>
<tr><td>创新能力</td><td></td><td></td><td></td></tr>
<tr><td rowspan="2">态度</td><td>热爱茶艺事业</td><td></td><td></td><td></td></tr>
<tr><td>坚强的意志</td><td></td><td></td><td></td></tr>
<tr><td colspan="3">努力方向：</td><td colspan="2">建议：</td></tr>
</table>

思考与实践

1. 登记注册需要个人准备的相关材料有哪些，如何咨询?
2. 如何做好登记注册办理?

附录 A 茶艺需要的主要茶具

1. 紫砂壶

2. 随手泡

3. 公道杯

4. 水方

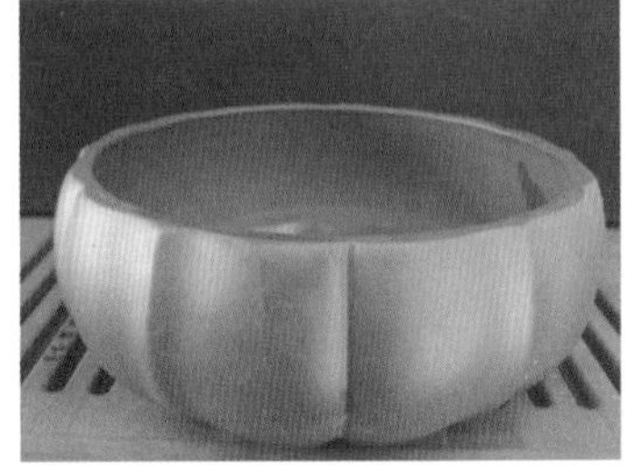

5. 品茗杯

6. 闻香杯

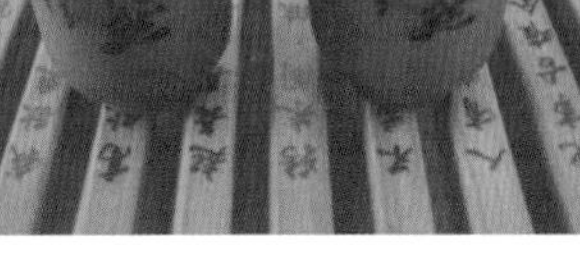

7. 杯托

8. 茶荷

9. 玻璃杯

10. 玻璃茶杯

11. 盖碗

12. 玻璃壶

13．茶筒、茶则、茶匙、茶漏、茶夹、茶针

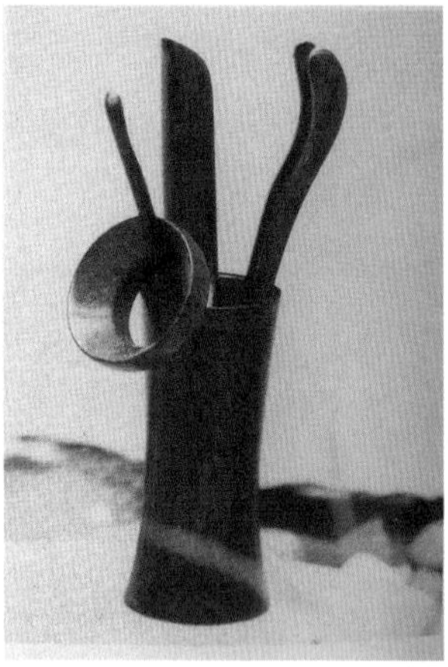

14．储茶器

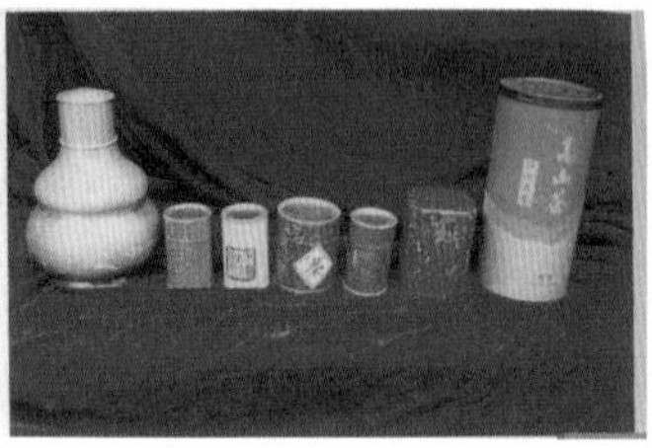

15．方中、温度计、计时器

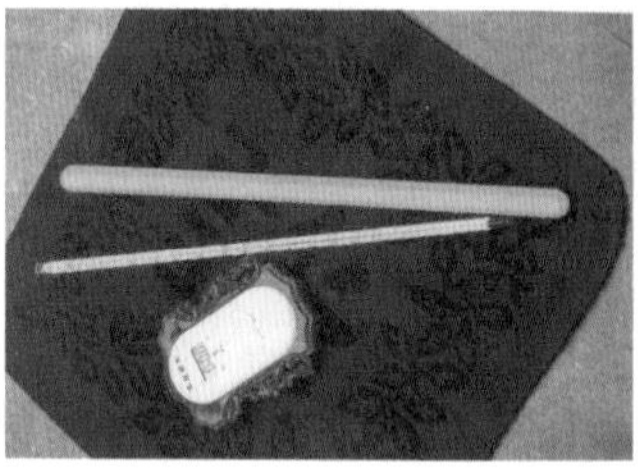

附录 B 中国十大名茶简介及其鉴别

1. 西湖龙井

是我国的第一名茶，产于浙江杭州西湖的狮峰、龙井、五云山、虎跑一带，历史上曾分为“狮、龙、云、虎”四个品类，其中多认为以产于狮峰的品质为最佳。龙井素以“色绿、香郁、味醇、形美”四绝著称于世。形光扁平直，色翠略黄似糙米色，滋味甘鲜醇和，香气幽雅清高，汤色碧绿黄莹，叶底细嫩成朵。

鉴别方法：产于浙江杭州西湖区。茶叶为扁形，叶细嫩，条形整齐，宽度一致，为绿黄色，手感光滑，一芽一叶或二叶；芽长于叶，一般长 3cm 以下，芽叶均匀成朵，不带夹蒂、碎片，小巧玲珑。龙井茶味道清香，假冒龙井茶则多是青草味，夹蒂较多，手感不光滑。

2. 洞庭碧螺春

产于江苏苏州市太湖之滨的洞庭山。碧螺春茶叶用春季从茶树采摘下的细嫩芽头炒制而成。高级的碧螺春，每千克干茶需要茶芽 13.6~15 万个。外开形条索紧结，白毫显露，色泽银绿，翠碧诱人，卷曲成螺，故名“碧螺春”。汤色清澈明亮，浓郁甘醇，鲜爽生津，回味绵长，叶底嫩绿显翠。

鉴别方法：产于江苏苏州市太湖的洞庭山碧螺峰。银芽显露，一芽一叶，茶叶总长度约为 1.5cm，芽为白毫卷曲形，叶为卷曲青绿色，叶底幼嫩，均匀明亮。假冒碧螺春则多为一芽二叶，芽叶长度不齐，呈黄色。

3. 祁门工夫红茶

是我国传统工夫红茶的珍品，有百余年的生产历史。主产安徽省祁门县，与其毗邻的石台、东至、黟县及贵池等县也有少量生产。祁红工夫茶以外形苗秀，色有“宝光”和香气浓郁而著称，在国内外享有盛誉。

鉴别方法：祁红工夫茶条索紧秀，锋苗好，色泽乌黑泛灰光，俗称“宝光”；内质香气浓郁高长，似蜜糖香，又蕴藏有兰花香，汤色红艳，滋味醇厚，回味隽永，叶底微软红亮。

4. 君山银针

产于岳阳洞庭湖的君山，有“洞庭帝子春长恨，二千年来草更长。”的描写。其冲泡后，三起三落，雀舌含珠，刀丛林立，具有很高的欣赏价值。

鉴别方法：产于湖南岳阳君山。由未展开的肥嫩芽头制成，芽头肥壮挺直、匀齐，满披茸毛，色泽金黄光亮，香气清鲜，茶色浅黄，味甜爽，冲泡看起来芽尖冲向水面，悬空竖立，然后徐徐下沉杯底，形如群笋出土，又像银刀直立。假冒君山银针为青草味，泡后银针不能竖立。

5. 黄山毛峰

产于安徽黄山，主要分布在桃花峰的云谷寺、松谷庵、吊桥阉、慈光阁及半寺周围。这里山高林密，日照短，云雾多，自然条件十分优越，茶树得云雾之滋润，无寒暑之侵袭，蕴成良好的品质。黄山毛峰采制十分精细。制成的毛峰茶外形细扁微曲，状如雀舌，香如白兰，味醇回甘。

鉴别方法：产于安徽歙县黄山。其外形细嫩稍卷曲，芽肥壮、匀齐，有锋毫，形状有点像“雀舌”，叶呈金黄色；色泽嫩绿油润，香气清鲜，水色清澈、杏黄、明亮，味醇厚、回甘，叶底芽叶成朵，厚实鲜艳。假冒黄山毛峰呈土黄，味苦，叶底不成朵。

6. 武夷岩茶

产于福建武夷山。武夷岩茶属半发酵茶，制作方法介于绿茶与红茶之间。其主要品种有“大红袍”“白鸡冠”“水仙”“乌龙”“肉桂”等。武夷岩茶品质独特，它未经窨花，茶汤却有浓郁的鲜花香，饮时甘馨可口，回味无穷。18 世纪传入欧洲后，备受当地人的喜爱，曾有“百病之药”美誉。

鉴别方法：产于福建崇安县。外形条索肥壮、紧结、匀整，带扭曲条形，俗称“蜻蜓头”，叶背起蛙皮状砂粒，俗称“蛤蟆背”，内质香气馥郁、隽永，滋味醇厚回苦，润滑爽口，汤色橙黄，清澈艳丽，叶底匀亮，边缘朱红或起红点，中央叶肉黄绿色，叶脉浅黄色，耐泡 6～8 次以上。假冒武夷岩茶开始味淡，欠韵味，色泽枯暗。

7．安溪铁观音

产于福建安溪，铁观音的制作工艺十分复杂，制成的茶叶条索紧结，色泽乌润砂绿。好的铁观音，在制作过程中因咖啡碱随水分蒸发还会凝成一层白霜。冲泡后，有天然的兰花香，滋味纯浓。用小巧的工夫茶具品饮，先闻香，后尝味，顿觉满口生香，回味无穷。近年来，发现乌龙茶有健身美容的功效后，铁观音更风靡日本和东南亚。

鉴别方法：福建安溪县。叶体沉重如铁，形美如观音，多呈螺旋形，色泽砂绿，光润，绿蒂，具有天然兰花香，汤色清澈金黄，味醇厚甜美，入口微苦，立即转甜，耐冲泡，叶底开展，青绿红边，肥厚明亮，每颗茶都带茶枝。假冒铁观音茶叶形长而薄，条索较粗，无青翠红边，叶泡三遍后便无香味。

8．信阳毛尖

产于河南信阳车云山、集云山、天云山、云雾山、震雷山、黑龙潭和白龙潭等群山峰顶上，以车云山天雾塔峰为最。人云："师河中心水，车云顶上茶。"成品条索细圆紧直，色泽翠绿，白毫显露；汤色清绿明亮，香气鲜高，滋味鲜醇；叶底芽壮、嫩绿匀整。

鉴别方法：产于河南信阳车云山。其外形条索紧细、圆、光、直，银绿隐翠，内质香气新鲜，叶底嫩绿匀整，青黑色，一般一芽一叶或一芽二叶，假的为卷曲形，叶片发黄。

9．庐山云雾

产于江西庐山。号称"匡庐秀甲天下"的庐山，北临长江，南傍鄱阳湖，气候温和，山水秀美十分适宜茶树生长。庐山云雾芽肥毫显，条索秀丽，香浓味甘，汤色清澈，是绿茶中的精品。

鉴别方法：产于江西庐山。它芽壮叶肥、白毫显露、色翠汤清、滋味浓厚、香幽如兰，饮后解渴提神，有利于增进人体健康。这种茶似龙井，可是比龙井醇厚；其色金黄像沱茶，又比沱茶清淡，宛如浅绿色碧玉盛在杯中，故以"香馨、味厚、色翠、汤清"而闻名于中外。

10．六安瓜片

产于皖西大别山茶区，其中以六安、金寨、霍山三县所产最佳。六安瓜片每年春季采摘，成茶呈瓜子形，因而得名，色翠绿，香清高，味甘鲜，耐冲泡。此茶不仅可消暑解渴生津，而且还有极强的助消化作用和治病功效，明代闻龙在《茶笺》中称，六安茶入药最有功效，因而被视为珍品。

鉴别方法：产于安徽六安和金寨两县的齐云山。其外形平展，每一片不带芽和茎梗，叶呈绿色光润，微向上重叠，形似瓜子，内质香气清高，水色碧绿，滋味回甜，叶底厚实明亮。假冒六安瓜片则味道较苦，色比较黄。

参 考 文 献

[1] 陈宗懋 . 中国茶经 [M]. 上海 ：上海文化出版社，2007.

[2] 徐凤龙 . 饮茶事典 [M]. 长春 ：吉林科技出版社，2006.

[3] 徐传宏 . 茶百科 [M]. 北京 ：农村读物出版社，2006.

[4] 劳动和社会保障部教材办公室 . 茶艺师 [M]. 北京 ：中国劳动社会保障出版社，2006.

读书笔记

读书笔记